读客三颗钻人类思想文库

啃透社科经典，就读三颗钻专家伴读版！

Our Inner Conflicts

我们内心的冲突

[美] 卡伦·霍妮　著

过忻毅　译

江苏凤凰文艺出版社
JIANGSU PHOENIX LITERATURE AND ART PUBLISHING

图书在版编目（CIP）数据

我们内心的冲突 /（美）卡伦 · 霍妮
(Karen Horney) 著 ; 过忻毅译 . -- 南京 : 江苏凤凰文
艺出版社 , 2023.3
（读客三颗钻人类思想文库）
ISBN 978-7-5594-6997-7

Ⅰ . ①我… Ⅱ . ①卡… ②过… Ⅲ . ①精神分析
Ⅳ . ① B84-065

中国版本图书馆 CIP 数据核字 (2022) 第 124505 号

我们内心的冲突

［美］卡伦 · 霍妮　著　　过忻毅　译

责任编辑　丁小卉
特约编辑　罗梦茜　黄巧婷　鲍　畅
封面设计　王　晓　王佳琳
插画设计　郝子卿
责任印制　刘　巍
出版发行　江苏凤凰文艺出版社
　　　　　南京市中央路 165 号，邮编：210009
网　　址　http://www.jswenyi.com
印　　刷　三河市兴博印务有限公司
开　　本　880 毫米 ×1230 毫米 1/32
印　　张　8.75
字　　数　220 千字
版　　次　2023 年 3 月第 1 版
印　　次　2023 年 3 月第 1 次印刷
标准书号　ISBN 978-7-5594-6997-7
定　　价　55.00 元

【三颗钻专家导读】

看到冲突的存在，已经是一种成长

李松蔚

1

为霍妮的这本经典著作撰写导读，我感到既荣幸又惶恐。

事实上，从接到编辑的请托到正式动笔，时间已经虚度了一个多月。在这段时间里，我把《我们内心的冲突》这本书又翻看了两遍，也拜读了不同版本的序言和书评，然而我的惶恐之情并没有减少。虽然素材已经积累了很多，但每次打开文档，我又深感下笔之难。

我的这种心情，就是典型的“冲突”。

2

“冲突”这个提法最早来自弗洛伊德，这是一位在20世纪思想史上占有重要地位的伟人。要讲霍妮的这本书，就要先介绍精神分析理论。这要先从弗洛伊德的工作说起。

弗洛伊德是一名奥地利的医生，他最初的研究方向是神经解剖学。他在工作中发现了这样一类病人：他们看上去像是有某种神经机能的症状，严重的比如瘫痪、失明、丧失触觉，医学检查却无法发现他们有任何生理功能上的病灶。这种无病之病，叫作“癔症”。

比如有这样一种奇特的症状，叫“手套样麻痹”：患者的整个手掌失去了知觉和运动的能力。它的特殊之处在于，失去功能的部位是整个手掌——就像戴着一只手套——这不符合手部的神经解剖学特征。神经生理损伤导致的麻痹是条索状的，手套形状的症状，说明问题出在患者心里对于“手”的想象上。因此，需要探索内心发生了什么。

如何探索呢？弗洛伊德和同时代的研究者一起，开创了谈话疗法。

他们发现，用谈话的方法可以治病。原理如下：患者有一些自己意识不到的内心冲突，这导致了外部症状，而如果在交谈当中帮助患者意识到这种冲突的本质，症状就可以不药而愈。精神分析史上的第一位病人安娜·欧女士，出现过一次恐水的症状。拒绝饮用任何液体，这给她的健康带来了极大的风险。在催眠状态下，她情绪激动地回忆起一件事：一个她并不喜欢的女伴带来的狗，喝了她杯子里的水，她受到的良好教养让她不能对此表达任何愤怒。当她在催眠状态下表达出愤怒之后，症状消失了，醒来后她要了一杯水。

由此，弗洛伊德提出了一个广为流传的心理模型：他把人类的心灵比喻为一座漂在海里的冰山。海面上的部分是我们平时能够意识到的各种思想、情感、冲动；而在海面之下还有一个广阔深邃，却难以被洞悉的黑暗世界——无意识。在这个底层世界，无时无刻不在上演惨烈的冲突，各种欲望在相互撕扯、搏杀。但一个人在清醒的意识状态中，觉察不到它们的存在，只能在一些线索中找到其一鳞半爪，比如口误、梦境，以及神经症症状。

神经症，这种貌似神经的病变却与神经毫无关系的病症，成了探索无意识的入口。

弗洛伊德通过对神经症的研究，发现冲突来自这样两股力量：原始欲望想要寻求满足，却遭受到道德力量的禁制。这里的原始欲望包括两类：一类追寻感官快乐，叫作“力比多”；另一类则是破坏和攻击欲。弗洛伊德认为这是人类的两种本能，它们极其原始，和野兽没有本质区别。而道德的规训代表着人的社会属性，它起源于每个孩子在成长过程中，通过与父母和外部环境的接触习得的某种“恐惧”：这个世界有一种禁制性的权威力量，如果我不按它的来，我会惨遭抛弃。这种恐惧在无意识当中形成一个严厉的声音，叫作“超我”。超我不断审查那些原始欲望，后者也不甘示弱，两者永无休止的斗争构成了无意识冲突。冲突得不到解决，我们就会生病……粗略地讲，最初的精神分析模型就是这么一回事。

3

写到这里，我开始担心这个开头是否足够吸引人。

为了从头解释霍妮的思想，我竟然聊到了精神分析的起源！我心里有两个批评的声音。一个声音说：有没有可能你讲得太粗糙了？对那些已经很熟悉精神分析的读者来讲，上述阐释不仅过于简化，并且漏洞颇多，完全没有辨析概念的精微复杂之处。

相反的批评则是：这些内容会不会已经过于晦涩了？如果一个读者并非专业的精神分析研究者，他为什么要花时间去了解弗洛伊德的理论？我本来只是想解释“冲突”，却提到了冰山模型、无意识、力比多、超我……我会不会筑起了太多概念的门槛？读者也许在一边读一边疑惑：我为什么要了解这些？我读这本书只是想帮助我自己，我为什么要关心19世纪的欧洲，一种听上去如此罕见的病症背后的一套心理学假设？作者还要花多长时间解释它与这本书的联系？——这么长的逻辑线路，我恐怕已经失去了一部分读者。

这肯定不是一个最好的开头。

4

也许应该多讨论一点“神经症”，它决定了你是否需要关心这本书。

在弗洛伊德的时代，神经症是癔症的代名词：一种戏剧性的、让人印象深刻的躯体上的功能失调。但是在弗洛伊德之后，这一类症状越来越罕见了。多数患者的症状表现为焦虑、抑郁、应激、失眠、疑病、因压力导致的躯体疼痛，等等。这些症状变得越来越不像是一个医学问题，而更像是某种“性格”的问题。我们在生活中遇到这一类人的时候，很可能也会不当一回事，而是简单地说：“他们的问题在于太敏感，想太多。”解决方案也像是通过对此类人身上某种意志力和思想品质的改造，达成表面的和解。“不要想那么多，自然就没事了”。

而在20世纪中期，以卡伦·霍妮为代表的精神分析学者，仍然坚持以一种严肃的态度探讨这个话题。他们认为，那些达到了所谓病理状态的人——神经症“患者”——和正常人之间并没有明确的界限，而是一个渐变的连续体。中间地带可以叫作“神经症人格结构”，与其说是一种病，倒不如说，那是我们普通人身上多多少少存在的烦恼。

无意识冲突可以用来理解神经症，或者是神经症人格。冲突的强度也许会导致我们最终表现出的适应程度不同，因此有生病和健康之别，但冲突的本质是一样的。

但是霍妮不同意弗洛伊德对冲突内容的见解。她认为，无意识的冲突未必是原始欲望和超我禁制之间的战争，它也可以是一种更寻常可见的现象。每个人生活在社会中，都会面临两难的选择，有选择就会有冲突。上班累了一天，回到家是更想大吃一顿，还是吃对健康有利的低卡路里食物？这就是冲突。两个选择都好，但是选择一个，就意味着舍弃另一个。孤独的时候希望有人陪伴，但同时一想到要建立亲密关系，又觉得很麻烦。只要做不出选择，或者做出选择之后又质疑选择的正确性，人就会平添烦恼。原理就这么简单。

当然了，神经症性的冲突并非这种一目了然的二选一。它隐藏得更深，麻烦更大，斗争更激烈。但究其本质，都是人性面对两难选项产生的撕裂感。换言之，冲突跟一个人在特定的社会背景下，认为自己是什么样的人，以及应该做什么样的事有关。它并不完全属于生理学的范畴，也离不开文化和社会规则的参与。这是霍妮最重要的贡献之一：把精神分析从一门医学理论过渡到科学与历史人文相结合的交叉领域。她把“神经症”的讨论范畴，从“少数人为何生病”，扩展到“特定社会背景下的普通人为何感到痛苦”。

用今天的语言，这种痛苦也可以叫作“纠结”“精神内耗”。

5

现代人的纠结，我意识到这是一个极好的切入点。

我对霍妮的印象，和对其他早期精神分析理论学家的印象不同。后者大多是叼着烟斗、不苟言笑的男性，我总觉得他们身上带有一种权威的光环——说“傲慢”倒还不至于，但多少带着一点儿俯视众生的冷峻——把神经症患者看成某种在精神上出现破绽的孱弱者，把他们放到理论的框架里，思索他们心灵中究竟哪里“出了问题”。而霍妮则是一位瘦小清癯的女性，乍一看并不起眼。她的人生故事包括这么几个关键词：女性、不被喜爱、聪慧，以及倔强。她出生在一个并不幸福的家庭：嫌她丑陋的父亲，偏心儿子的母亲，几个已经成年的同父异母的哥哥姐姐。她不顾父亲反对，立志要成为医生。作为一名女性，霍妮在那个年代进入了大学，28岁获得医学博士学位，34岁成为精神分析师。她反对弗洛伊德关于女性性欲的理论，47岁从欧洲孤身远渡重洋来到美国。她一边声名大噪，一边却遭到同行的排挤。纽约精神分析研究所剥夺了她的讲师资格，于是她自创了美国精神分析研究所，并且自任所长。她在欧洲有过一段既不快乐，也不长久的婚姻。她曾两次患有抑郁症，还萌生过自杀的念头。

一百年前和现在相比，女性的故事好像并没有太多不同。

正如我们的直觉，这样的女性天然就更能站在“弱者”的角度，体察他们内心那些幽微复杂的纠结。霍妮是这样看待那些为神经症所苦的人。她说，这些人之所以痛苦，是因为他们不愿意欺骗自己，需要给出对自己诚实的答案：我是真的想结婚吗？还是应该忠于自己的事业？作为妈妈我必须爱自己的孩子吗？如果我并不想被孩子拖累，这是不是一种罪恶？我是否爱自己的伴侣？还是我只是需要一段亲密关系，说服自己相信这就是爱？我想做一名医生，是真的为了治病救人，还是我只是看重医生的职业比较稳定，收入还不错？——你说这些纠结是想太多也好，钻牛角尖也罢，但就是有人放不下它们。

那么，你说这样的人有什么问题吗？他们做错什么了吗？

绝不是。我想霍妮写这本书，正是为了鼓励他们：这个世界是有强大的人的，他们有着非常清晰确定的价值观。他们从来没有选择的烦恼，因为他们永远知道自己该做什么。但这也是一个多元化的、价值观快速变化的社会，也会有人困惑于自己是谁，应该遵循怎样的生活准则。这没有任何错。——不然怎么办呢？自己骗自己，说这些问题根本不重要吗？也可以，有人是可以这样逃避下去，运气好的话，逃避一辈子也没问题。可是从这个意义上说，这些被冲突所困扰的人，难道不是更勇敢、更可爱，也更诚实的人吗？

在霍妮笔下，她对这些人带有一种由衷的爱护与敬重。她把他们看成了灵魂层面的勇者，不接受自我麻痹，勇于直面冲突。霍妮说这是一种珍贵的才能。只有经历过这些痛苦，才能让自己获得内心的自由和坚定。而那些居高临下的态度，无论是把这些纠结看作一种心理的病态，还是不值一提的“牛角尖”“想开点”，都不是在提供真正的帮助。

从这个角度讲，神经症性的冲突者甚至不需要认可霍妮的理论，仅仅只是感受到霍妮在这本书里的善意，就已经可以收获很多治愈了。他们不但不是弱小的人，反而更强大，更勇敢。所谓的冲突也不是他们的问题，而是他们在以更有力量的方式解决问题。

其实，哪里有什么“他们”呢？明明就是“咱们”。

我可能有点偏题太远了。但我还是觉得，这段内容比单纯讲述霍妮的理论本身更重要。这不是一百年前，而是现在。这不只是霍妮，而是每一个认真面对自己的人。

6

我们的话题正逐步走向人际关系。弗洛伊德本人对这个主题并不重视，但在他的后继者那里，无论是沙利文、阿德勒，还是霍妮曾经的恋人弗洛姆，都把人际关系看成是精神世界最重要的，甚至也许是唯一重要的命题。一切精神困惑走向终极，都绕不开这样一个问题：我应该如何对待他人？当然，对待他人的另一面，就是该如何对待自己。

在这本书中，霍妮提出，无论现实意义上的冲突是什么，进入无意识层面，本质都是对人际关系的基本态度的冲突。她把面对人际关系的基本态度分成三种：

第一种态度叫作“亲近他人”。意思是，把自身的存在价值建立在与他人的关系上。在健康的范畴内，这样的人会是最好的朋友、伴侣，他们与人相处总是会展现出友善和顺从的姿态。但如果这种态度过于强烈，达到强迫性的程度，就会对这个人造成极大的负担。有人无时无刻不在担心别人不喜欢自己。一旦察觉到别人有不满的迹象，就会感到巨大的惊恐，从而不顾自己的原则、喜好，甚至安危，一味展现出讨好的姿态。这样的人在一段关系中也会患得患失，认为这段关系等同于自己的全部价值，情绪也会因为别人随口一句话而剧烈波动。

第二种态度叫作“对抗他人”。跟前一种态度刚好相反。第一种把每个人都当成宝藏，希望争取更多的喜欢；而第二种态度默认人人都在设法损人利己，把人看作危害的来源，唯恐被人利用或羞辱。这样的人时刻都在保持警惕，审视关系中可能存在的风险。程度适宜的话，倒不失为一种慎重的自保策略，但如果达到一种强迫性的程度，这个人就会变得偏执，不断猜疑别人有什么恶意，用一种防御甚至是主动进攻的方式，扩大自己和别人的冲突。

第三种态度叫作“疏远他人”。拥有这种态度的人不擅长处理复杂的人际关系。程度比较适宜的时候，他们表现得更愿意独处，享受内心的宁静。但如果超出限度，这种态度就会表现为一种情感的淡漠与隔离。他们在身边设立了一道无形的屏障，不允许自己对任何人有所希冀。他们不关心别人，也不需要别人的帮助。最好一切自给自足，“万花丛中过，片叶不沾身”。永远与人保持最初的社交距离，不越雷池一步。为此他们不惜隔绝自己的一切情感。假如他们在一个群体中找到归属感，或者跟某个人在一起感到快乐，他们就会对这些感受分外警惕。

你可能在读到每一种倾向时，都觉得与自己有一部分吻合。的确如此。这三种倾向本身都是正常的，每个人的人际态度多多少少都是三者的混合体。但是，如果面对某一种情境，你同时产生两种对立的需求，那么就会体验到烦恼。假如这两种需求都达到强迫性的激烈程度，各不相让，撕扯的痛苦就会加剧。霍妮认为，这是构成神经症的基本冲突。

这跟弗洛伊德提出的冲突模型完全不同，并非内心愿望跟超我禁制的战争。——在霍妮看来，跟超我的战争还有解决的可能性，这时候起码还拥有一个明确的诉求，只需要找到一种被外界许可的满足方式。而霍妮式的冲突让人更绝望，在于我们的诉求本身就是自相矛盾、南辕北辙的。任何一个方向上的满足，都在另一个方向上背叛了自己。

在本书中，霍妮举了这样一个例子：一个工程师提出的技术方案遭到了否定，同事们甚至没有给他机会让他表达自己的看法。这件事让他陷入情绪上的痛苦。

表面上看，他的痛苦来源于这样一组矛盾：同事对待他的方式让他不爽，他又不知道该如何表达愤怒。但在无意识层面，霍妮分析，这个自视甚高的工程师同时在追求两种不同的人际欲望：一种是亲近他人，他需要其他人的认可，让他相信自己的价值；另一种则是对抗他人，他对身边的同事抱有无意识的敌意，想要指责和辱骂，却又只能通过一种低姿态的友善来掩饰这种欲望。这就让他陷入了冲突：如果让愤怒爆发出来，就会破坏他一贯以来的友善形象；如果忍气吞声，他也不会得到大家的赞扬，甚至还会进一步失去尊重。导致他无路可走的并不是这一工作处境，而是他内心的冲突：一方面盛气凌人地要求别人尊敬自己，另一方面又只能低声下气地讨好逢迎。两者都不让步，最终就表现为精神上的症状。

7

即使放在今天，霍妮的这份洞察仍然堪称犀利。

用一句话概括，最大的痛苦不是求而不得，而是“既要……又要……”。很多人对自己的分析是单向的，看到的往往只是问题的一半，比如抱怨自己“讨好型人格”“不会拒绝”。要解决他们的问题，难道只需要一份拒绝的勇气吗？不见得。一心拒绝，这有什么难？真正的困难在于，他们一方面希望拒绝（以实现对他人的报复或疏远），另一方面又希望可以继续讨好（能够继续从人际关系中获得利益）。这样一来，他们就陷入了拉扯。在拒绝这件事上，怎么给自己打气都无济于事，最终只能把问题解释为：“我可能是哪里生病了！”

我这样说，也许会让善良的读者感到不舒服，尤其是在关系中常年忍气吞声又不堪其扰的受害者，好像被我倒打一耙，被暗指为无意识中的“获益者”。不过，最好早一点适应这样的说法，因为霍妮本人更为一针见血。她会说，那些惯于讨好的人，无意识层面上也有施虐的愿望。无意识的冲突中总是包含与表象相反的一面。就像一个严厉的人反而会展现宽和，抠门的人故意对外人慷慨。渴望被爱的人，却在被人示爱时将其拒之门外。

读者是否有勇气，从这样的真相中看到自己呢？

写到这里，我想为霍妮的论点辩护几句——可是转念一想，有什么辩护的必要呢？关键在于，这些矛盾心理都是自然现象的一部分，而非问题。把它们当作“问题”本身才是更大的问题。谁对人际关系没有既向往又抗拒的苦恼？谁在亲近的人面前没有过爱恨交织，不曾左右摇摆？但如果我们过于激烈地强调或否认某一种态度，反而暴露了我们把它看得太重的心理。看得太重，问题就来了。每一次拉扯都演变为撕裂，每一个选择都是不能承受之重。这也是霍妮的洞察：她不批判任何一种冲突，但她指出，真正的问题是“强度”。

在中国这种人情社会，没有比人际关系更高强度的动力了，每个人都在通过他人的目光寻找自己。这大概也是为什么，精神分析发展出了那么多支流——荣格的分析心理学也好，克莱因的客体关系理论也好，科胡特的自体心理学也好——最受中国读者欢迎的著作永远在讨论人际关系：介绍阿德勒心理学的《被讨厌的勇气》，弗洛姆的《爱的艺术》，以及霍妮的《我们内心的冲突》。我们在人际关系中同时感受到强烈的渴求、惧怕与孤独，我们如此在意自己在人群中的位置，它又摇摆得如此剧烈，这一切让我们倍感冲突。

8

冲突还不是问题的全部。更大的问题在于，我们的无意识在采用一些并不高明的策略，试图“缓解”冲突。就像小孩子用一个谎言弥补另一个谎言。最终结果是，解决问题的方法成为更大的问题。用精神分析的术语来说，就是防御机制成为症状本身。

最基础的一种防御机制是压抑。只允许自己看到冲突一方的欲望，不承认另一方欲望的存在，用掩耳盗铃的方式制造一种自洽的表象——但并不能真正地解决冲突。一个人如果沉浸在这种防御机制里，在读这本书的过程中也许会感到茫然：“我可没有这样的矛盾。”甚至是烦躁：“她在胡说八道些什么！”不舒服的体验越强，恰恰说明你越接近真相。

另一种方式是，对自己有一种不切实际的想象。在想象中已经达到某种自己根本不具备（也绝不可能达到）的状态。比如，这个“我”展现给别人的永远是优点，人人竞相称赞。这是一种虚幻的解决方式。如此理想化的形象确实足以解决一切冲突，但它并不是一个可以付诸努力的目标。我们当然希望被更多人称赞，但现实是，如果无论如何都没法让一些人喜欢，那也只能作罢。如果太执着于理想化的形象，就会因这样的现实而绝望。

理想化形象破灭的同时，我们会把失望投射到外界。霍妮认为这是另一种糟糕的解决方案：外化作用。我们会相信是外部因素造成了这些痛苦——“都怪他，把我害惨了！”我们把焦点放到对其他人的指责上，反而让面对和解决问题变得更加遥远。

9

写到这里，差不多可以讲清楚我在纠结什么了。

我想写出这样一篇导读：一方面它读起来真实、有趣、引人入胜。我想把霍妮的理论用大白话戏说一遍，举几个贴近现实的案例，适度地自我暴露。假如有读者说“本来不觉得这本书跟自己有什么关系，看完导读，觉得这本书好像在我的生活里装了摄像头”，那就再好不过。另一方面，我又希望这是一篇标准的导读，准确而详尽地阐释霍妮的原意，写作风格上尽量克制。哪怕最挑剔的读者读完之后，也会觉得："总算没辜负霍妮这本书！"

你大可以用无意识冲突的理论来分析。我对导读的期待背后，藏着两种人际关系态度。一种态度是亲近读者，以第一人称和读者对话，暴露自己的感受，不断站在读者角度与之共情，暗暗地还想获得一点认可："写导读的人不光真诚，还很有趣。"另一种态度则是疏远读者，把自己隐藏在专业身份背后，尽到一个阐释者的本分：把书上的理论介绍清楚，背景资料补充完整，不要被人挑出毛病。纠结由此产生：写长了，又怕多说多错，万一哪句话曲解了霍妮原意，得不偿失（另一个声音则大喊："你以为那么枯燥会有人看吗？"）；短一点，又怕作为导读者不尽责——"我把该说的都说到了吗？"从头写起又有卖弄之嫌……所有这些冲突之外，还有一种敌意的投射，会不会哪位权威一声怒斥："导读？可不是这种写法！"

能够完美解决这些问题的，就是一篇真实、有趣、准确而又克制的导读。唯一的问题是，这样的佳作只在想象中存在。所以我拖了一个月，什么也没写出来。

10

我们可以怎么办？

这本书只能帮助我们看到问题，但它并不负责一劳永逸地消除问题。不存在一种简单的治疗方法，或者应该这样说：大多数的冲突，并不真的需要被“治疗”。

看到冲突的存在，本身就是一种解决。至少是在用一种更诚实的态度面对自己，并摒弃那些糟糕的、适得其反的解决方案。在霍妮看来，这就已经是一种成长了。

活着已经很难了，何况面对这种本来就无解的冲突，这几乎可以说是人一辈子的难题。意识到它的难，我们就从理想化的状态中出离了一点。这是很大的失落，但也让我们更走近真实。阅读这本书的同时也许会让你感到不安，你会害怕如此真切地看到问题。不要怕，看到问题是一件好事。它解放了你，你可以带着满身的问题自由地生活。就算问题不能解决，又怎么样呢？你仍然可以让自己活得好一点儿。这就是你，是没那么好，但也没那么糟。

好了，我把我读这本书的收获，连同自己的思考尽我所能地记下来，完成了这篇导读。我对它的期待仍然没有变，希望对你有用，也希望它不要出错，但我知道，事情不会百分百如我所愿。我对此毫无办法。但这就是它了，是我此时此刻写成的东西。

目录

第二部分
未解决的冲突引发的后果

【三颗钻专家伴读】

我们内心的冲突：从防御到疗愈

李孟潮

1. 引言

说来惭愧！这已经是我第三次为霍妮的书写序了，回顾自己以前的作品，不禁有些汗颜，有些地方没讲透，有些地方又写得太深，没有照顾读者（李孟潮，2021a，2021b）。这次正好有机会，让我有足够的篇幅，通过“章伴读”来详细分析霍妮这本书。

本文写作目的，不是要让普通读者把霍妮的学说当作高考秘籍，一字一句地来理解，而忘记了我们学习霍妮也好，学习弗洛伊德也好，最终目的是回答心理治疗三大问：这是什么心理问题？为什么会有这个心理问题？我们如何应对这个心理问题？

而在章伴读部分，我会比较细致地讨论霍妮的原文内容，总结霍妮每章讲述的内容提要，以及这些理论对今天读者的启示意义。同时还会增加一些更专业的讨论，因为本书本来就是为美国精神分析师而写的，而在这本书的中国读者中，应该也有不少人是心理咨询师。

2. 什么是内心的冲突？为什么会有内心的冲突？

冲突，是指彼此对立、相互矛盾的两股力量。精神分析之所以强调内心的冲突，是因为只有当冲突的根源来自内心的时候，才适合用精神分析的方法解决。如今，内心的冲突在精神分析中可以分为四大类：本我冲突、超我冲突、自我冲突和自体-客体冲突[1]。只要有人便有心理，有心理就有冲突，所以如果居然有人没有心理冲突，此人要么是神仙，要么就是不再具有人性的一种古怪生物。

既然如此，治疗人的内心冲突岂不是庸人自扰？

应该这么说，如果一个人的治疗目标是对心理冲突“清零”，那么我们应该推荐他去“修仙”。心理治疗对于冲突的治疗策略是：识别冲突，分析冲突，理解冲突，平衡好冲突，与冲突共存。冲突就像我们人体内自然携带的各种细菌和病毒，它们是不可能也不应该被清零的，比如肠道菌群，如果被杀菌了，人们会出现很多严重的疾病。

我们也可以进一步询问，人为什么生下来就有冲突呢？

这个问题的答案是四个字——“二元对立”。看起来，人类天生具有一种追求二元对立的特性，容易把世界分为两大块，一块为“我”，一块为“别人”，再根据自己的情绪体验，把别人划分为“好人”和“坏人”两大块——甚至人类产生的语言系统都充满了二元对立。二元对立产生了冲突，冲突又进一步引发二元

[1] 所有在我们心中称为“我的东西——我的本能欲望、我的真我和假我、我的理想和禁忌”，都是“自体”，与之相反，所有被称为“你、他、她、它”的东西，都是“客体”。

对立。而二元对立，根据精神分析师推测，是一种被称为“分裂”（splitting）的防御机制引起的。

霍妮这本书的内容，如果用一句话总结，就是我们都使用了哪些防御机制，来形成我们内心的冲突。

3. 如何处理冲突？从防御到应对

防御机制，相当于心灵的免疫系统。免疫系统过强或者过弱，都会引发心理疾病。正如医疗的原则就是调节好免疫系统，让它允执厥中，在当代的心理治疗中也是如此。治疗师们会分为三个步骤来调节防御机制，分别是“觉知防御，分析防御，用好防御”。觉知防御，是指自己能够觉知到自己使用了哪些防御机制，看到它们，命名它们，了解它们要防御的是什么样的情绪、想法和需求。分析防御，一是分析每个防御的来龙去脉，这个防御机制是怎么形成的？从什么时候开始使用的？它当时要防御的是什么样的对象？二是分析每个防御的现在，尤其是分析每个防御现在是否仍然起效，现在为了让它起效人们要付出的代价是什么。

霍妮这本书细致地描述和分析了人格障碍者使用的各种防御机制，尤其是理想化和外化这两个防御，非常有助于读者觉知防御和分析防御。

防御机制被觉知、被分析后，它就从无意识变成了意识化的心理机制，它的名称就被称为“应对方式”。历代心理治疗师发现和发明了数百种应对方式，这些应对方式的优化组合，形成了一个个心理治疗流派。

病患和治疗师的博弈就是防御与应对的典型。举个例子，某个来做心理咨询的病患，他的目标却变成了治疗师本人，就像病人骨折了去看病，看到医生之后，他不再关注自己骨头疼不疼，而是关注这个医生可不可靠，我凭什么要相信他。这种权力争夺，听起来非常可笑，但在实际生活中却是常见的，比如很多新婚夫妻，会在装修婚房的时候大打出手，为了窗帘的颜色争论不休，他们不是不爱对方了，而是这个时候，他们的控制情结被激活了。

一般来说，以马斯洛的需要层次理论为基础，人内心的冲突可以按照人生阶段分为从婴儿期到老年期的八个层次，每个层次有不同的需求，也有相对应的情结和防御应对方式。当第一层次（自恋情结）和第二层次（控制情结）的冲突得到整合后，一个人已经很难符合人格障碍的诊断标准，即便符合，他也可以较快地自我疗愈。这也是霍妮在本书中主要论述的冲突。当然，霍妮在她的其他著作中，也论述到了其他层次的冲突。比如说她和弗洛姆强调的社会文化对人的影响。有这方面需要的读者可以根据附录的霍妮著作列表进一步深入了解，国内学者对于霍妮也有不少的研究。

4. 结语

霍妮写作此书的时候是1945年，那一年日本战败投降，“二战”这出悲剧正式落下帷幕，饱受折磨的人们内心的冲突稍有缓解。七十七年后的我们，仍然在春雨楼头读此书。霍妮那一代人的心理学，是战争时期的心理学。他们伤痕累累的灵魂，见识了残忍，面对了寒冷。在钢铁的胸膛中，理解了机器的乡愁，经历过物质的人生，掌握着动荡的谣言，最终如霍妮所期望的，内而聚其精神，外而聚其名利（葛鲁嘉、陈若莉，1999；郭永玉，1996）。

参考文献

[1] 葛鲁嘉、陈若莉. 文化困境与内心挣扎：霍妮的文化心理病理学. 武汉：湖北教育出版社，1999.

[2] 郭永玉. 霍妮的社会文化神经症理论及其历史地位. 医学与哲学（5），1996，259-261

[3] 李孟潮. 死亡母亲综合征水平上的黑暗自性化. 见：《观影疗心：10位心理学家的电影疗愈课》. 北京：中国致公出版社，2018.

[4] 李孟潮. 从母爱抱持到母婴相互滋养. 见：[美] 伯特·鲍威尔等著，刘剑箫、陈昉译.《依恋创伤的预防与修复——安全感圆环干预》（*The Circle of Security Intervention: Enhancing Attachment in Early Parent-Child Relationships*）. 北京：中国轻工业出版社，2019.

[5] 李孟潮. 霍妮、自恋、重男轻女——《我们时代的神经症人格》推荐序. 见：卡伦·霍尼著，李进林译，《我们时代的神经症人格》. 合肥：安徽人民出版社，2021a.

[6] 李孟潮.《我们内心的冲突》推荐序. 见：卡伦·霍尼著，张鳅元译，《我们内心的冲突》. 合肥：安徽人民出版社，2021b.

[7] [美] 大卫·萨夫著，李迎潮、闻锦玉译，李孟潮审.《性与家庭的客体关系观点》（*The Sexual Relationship: An Object Relations view of Sex and the Family*），北京：世界图书出版公司，2009.

[8] Blackman, J. S. 101 *Defensese: How the Mind Shields Itself*. New York: Brunner-Routledge, 2004.

【三颗钻专家伴读】

前　言

李孟潮

霍妮在前言中，首先表明了此书的写作目的和理想的读者对象。

如她所说，写作目的——“此书致力于推动精神分析的发展”。读者对象——“我希望有志于完善理论、改进疗法的精神分析工作者能从本书中获益”。

应该说，这看起来有点像废话，专业书籍不就是为了促进专业发展吗？难道还有专业者阻碍专业发展的吗？但了解霍妮的生平后，我们就知道，还真有。至少对霍妮来说，是有的。

让我们来了解霍妮当时面对的精神分析气候。

精神分析发展史，可以说就是一部精神分析不断开除自己革命同志的历史。这种排斥异己的风格，有两个原因，其一是因为弗洛伊德本人，在职业发展初期，遭遇了一些排挤和打压，尤其是他及其早期同事大多是犹太人，受到了较为强烈的种族歧视。其二是因为弗洛伊德本人性格偏执，自己亲手开除了很多同行。这种党同伐异风格遗传到了世界各地的精神分析协会中，霍妮本人，就因被打压而从纽约精神分析研究所辞职。

霍妮从职业生涯初期，就开始不断地与弗洛伊德辩论，所以看霍妮、荣格等人的书，都需要提前了解一下弗洛伊德，要不然，就不知道她为什么不断地在反驳弗洛伊德。而《我们内心的冲突》这本书是她开始建立自己的系统，不再纠结于弗洛伊德的标志。

其次，霍妮被排斥，被纽约精神分析研究所开除，大概也和她的人生经历有关，她从小就和母亲结成同盟。霍妮反抗父亲，反抗丈夫，和多位男友的关系中也多有愤懑，她有一种“反骨”。

被纽约精神分析研究所开除后，霍妮和朋友们另起炉灶，建立起了美国精神分析促进协会和美国精神分析研究所等机构，宣传自己的思想，培养自己的分析师。

所以，本书特别强调发展和改进等理念，这是为了防止学生和读者们被“保皇派”精神分析师们带偏。霍妮说：“如果我们故步自封，那么我们的理论必然沦为枯燥乏味的教条。”

在前言中，霍妮还特别强调了自助，“只要我们不懈努力，就能走完漫漫心路，解开自己内心冲突的心结”。她还说：“我相信，任何一本书，只要不局限于纯技术问题或者抽象的精神分析理论，就会有益于寻求自知、为自我成长不懈奋斗的人。”

这就是为什么她的专业著作，都被当作自助读物在阅读。我推测，她是故意把专业著作写得“平易近人”的。

最后，霍妮的传记《一位精神分析家的自我探索》中[1]，也谈到了霍妮被开除的另一个的原因：她和学生、下属、病人有着性方面的关系，违背了行业伦理。而这也是精神分析历史上有趣的一点，或许，反对弗洛伊德性欲决定论的人，却往往用自己的行为证明了性欲的强大驱动力。

---

[1] 见Bernard Paris, 1994, *Karen Horney: A Psychoanlyst's Search for Self-development*，中文版书名为《一位精神分析家的自我探索》，方永德等译，上海：上海文艺出版社，1997年。“Horney”这个姓氏根据《世界人名翻译辞典》等翻译规范被译为“霍尔奈”，但后来也有人译为“霍尼”“霍妮”，其中“霍妮”最为人所熟知。——伴读作者注（本书伴读部分注释如无特别说明，均为伴读作者本人注。）

前　言

此书致力于推动精神分析的发展。它是我对患者、对自己精神分析工作经验总结出的成果。虽然本书这一理论的发展已历时数年，但直到在美国精神分析研究所支持下筹备一系列讲座时，我的想法才最终成形。这些讲座里，第一场围绕这一主题的技术方面展开讨论，题目是“精神分析技术的问题”（1943）。第二系列的讲座涵盖本书指出的问题，于1944年以“人格整合”为题举行。从中节选的几个主题——“精神分析疗法中的人格整合”、“孤僻的心理机制”以及“施虐倾向的含义”——我在医学院和精神分析促进协会都进行了宣讲。

我希望有志于完善理论、改进疗法的精神分析工作者能从本书中获益。我也希望，精神分析工作者们不但会把本书呈现的想法应用于患者，还会应用于自身。精神分析学的进步离不开艰苦努力，必然需要我们自己去面对困难。如果我们故步自封，那么我们的理论必然沦为枯燥乏味的教条。

然而，我相信，任何一本书，只要不局限于纯技术问题或者抽象的精神分析理论，就会有益于寻求自知、为自我成长不懈奋斗的人。我们大多数人，生活在复杂的文化里，受困于本书所描述的冲突中，需要寻求一切可能的帮助。虽然严重的神经症有赖于专家妙手回春，但我仍然相信，只要我们不懈努力，就能走完漫漫心路，解开自己内心冲突的心结。

我首先要感谢我的患者们，他们与我通力合作，让我对神经症有了更准确的理解。我也要感谢我的同仁，他们对此的兴趣和理解鼓励我完成了自己的工作。这里，我不但要感谢同行中的前辈，也要感谢同行中的年轻人，他们在我们研究所接受培养，他们的批判性探讨成果丰硕，给人启发。

在精神分析学界之外，我想特别感谢三个人，他们以各自的方法支持我推进工作。阿尔文·约翰逊博士，在弗洛伊德传统分析学派是精神分析理论与实践中唯一公认的流派时，是他给了我在新社会研究学院陈述观点的机会。我更要感谢克拉拉·迈耶尔，她是新社会研究学院哲学与自由艺术系主任。多年来，她个人对我的研究始终兴致勃勃，鼓励我将分析工作的任何新发现拿出来探讨。还有我的出版商，W. W. 诺顿先生，他提出的建议对我很有帮助，让我的书得到诸多完善。最后，我还要对米奈特·库恩表示感谢，他帮助我更好地理清观点、组织材料，让我受益匪浅。

卡伦·霍妮

【三颗钻专家伴读】

导　论

李孟潮

导论包括四个要点。

要点1： 霍妮首先提出了神经症是人格问题。神经症的治疗，需要理解神经症的人格结构。这里有了两个概念——神经症和人格障碍——需要解释一下。

神经症这个概念，在弗洛伊德和霍妮时期，几乎是所有心理障碍的代名词。后来才逐渐分化为多种神经症的亚型，如强迫神经症、恐惧神经症、焦虑神经症等。

弗洛伊德等人在这些神经症的描述和命名上有不小的功劳。但后来随着精神医学的发展，“神经症”这个术语被彻底放弃，因为它的本义是指“神经官能症”。神经官能症和器质性疾病是反义词。而当时的精神科和神经科医生认为前者是神经系统的功能出了问题，并没有器质性损伤。

随着神经科学和精神医学的发展，现代的观点是：其一，把器质和功能截然对立的思路不对；其二，当年没有发现器质性改变，是当年的仪器不发达造成的；其三，被命名为“神经症”的这一组疾病，其实并没有共同的病因和病理过程，所以现在把它们分开，分别命名为焦虑障碍、强迫障碍、创伤后应激障碍、人格障碍等。

人格障碍，是指一个人的性格长期偏离常态。它包括多种人格障碍，最常见的是抑郁型人格障碍、回避型人格障碍、表演型人格障碍等。[1]

---

[1] 有关人格障碍的诊断标准和治疗，可以阅读亚伦 · T. 贝克等人的著作《人格障碍的认知行为疗法》，如果想要了解人格障碍与中国文化的关系，可以参考童俊主编的《人格障碍的心理咨询与治疗》。

霍妮当时已经发现了人格障碍这一组心理障碍，她觉得弗洛伊德自己也意识到了这个问题，但她有自己的观点：神经症是由文化因素引发的，是由人际关系障碍导致的。

要点2：在本章第四段，霍妮总结了自己的驱动力观，并反对弗洛伊德的驱动力观。霍妮认为弗洛伊德的观念是：驱动力等于本能，驱动力具有强制性，强迫一个人跟着它走。[1]而霍妮的驱动力观是：驱动力来自人际关系，如果一个驱动力具有强制性、强迫性，那么它本身就发生了病变。

要点3：霍妮认为力比多（爱本能）的性质，是寻求我们今天说的安全依恋感，并且认为这是由文化决定的，童年因素没有这么重要。这两个观点都在她的另外一本书《精神分析的新方向》里面有讨论。

要点4：在第六段，霍妮引出了她在《自我分析》这本书里面的观点，一是神经症人格结构中有各种子人格一样的微观结构；二是精神分析可以摆脱分析童年的倾向，不用那么执着于还原分析，而是聚焦于分析这些子人格一样的微观结构。

在导论的最后一部分，霍妮简单介绍了本书的内容，也就是本书附上的思维导图中列出的三种人格倾向和三种手段，这些倾向和手段，相当于总论中说的防御机制和应对策略，在本书的后面几个章节，霍妮自己也使用了“防御机制”这个词来指称这些内容。

---

[1] 大概所有想要反驳弗洛伊德的人都会被弗洛伊德本人及其弟子强烈反驳，一是因为弗洛伊德本人写作时就会同时阐述多个观点；二是因为弗洛伊德发现别人反驳他之后，就会写一个脚注把他的理论完善一下。对弗洛伊德的本能理论和驱动力理论感兴趣的读者，可以阅读弗洛伊德的《本能及其变迁》《精神分析纲要》等著作，也可以参考《精神分析辞汇》等工具书。

在当代，如果一个人想要就精神分析进行学术论辩，首先需要学习一种精神分析的研究方法，即概念研究（conceptual research），其中一个步骤是把《弗洛伊德全集》中有关的字句列举出来，然后进行逻辑分析和反驳，归纳出弗洛伊德本人的概念，并且和同行讨论。霍妮的时代显然还没有建立起这样的学术规范，所以霍妮书中所说的弗洛伊德和荣格的观点如何，往往和这些人实际的概念有一定偏差。

导　论

不管从何处出发、路途多艰难，最终我们都将发现精神疾病的根源在于人格障碍。几乎所有心理学发现都是如此：这其实是一种再现。历朝历代的诗人和哲学家都明白，罹患精神错乱的从来不是平静沉稳的人，而是内心冲突得四分五裂的人。用现代术语来说，每个神经症患者，不论症状如何，都是人格上的神经症。因此，我们努力发展理论和完善疗法，必然都是为了更好地理解神经症人格结构。

实际上，弗洛伊德伟大的开拓性工作日益聚焦到这个概念上——虽然他原本的理论并不允许他这样明确、系统地阐述，但是其他继承并发展了弗洛伊德工作成果的人给出了更为清晰的界定，这些人中著名的有弗朗茨·亚历山大、奥托·兰克、威廉·赖希以及哈拉尔德·舒尔茨–亨克。然而，他们都没有就这一人格结构的准确本质和动力达成共识。

我自己的出发点则不同。弗洛伊德对女性心理学的假想启发我思考文化因素的影响。文化因素会影响我们对不同性别对应不同气质的认识，这一点显而易见；在我看来，同样显而易见的是，弗洛伊德的一些结论是错误的，因为他忽略了文化因素。我对这一主题的兴趣在过去十五年里日益浓厚。与艾里希·弗洛姆的交流在一定程度上加深了这一兴趣，他在社会学和精神分析两个领域都知识渊博，帮助我更好地理解了社会因素在其特定应用中对女性心理的影响。1932年来到美国后，我的想法得到了巩固。在这里，我发现人们的心态和神经症病情在很多方面与我在欧洲观察到的不同，而唯一的解释就是文明的差异。最终我的结论在《我们时代的神经症人格》一书中得到阐述。该书主要观点是神经症是由文化因素引发的——具体而言，神经症是由人际关系障碍引起的。

在我完成《我们时代的神经症人格》前的那些年里，我追寻的另一条研究脉络则是由先前假设的逻辑引申而来的。这一思路的核心是研究神经症有哪些驱动力。弗洛伊德首先指出，神经症的驱动力具有强迫性。他认为这些驱动力本质上是人的本能，旨在得到满足并且不愿容忍挫败。因此，他相信这些驱动力的影响不限于神经症本身，而会作用于所有人。但是，如果神经症是人际关系错乱的结果，那么这个观点就必然有误。简而言之，我在这方面的发现如下：强迫性驱动力具体来说是神经症性的；它们源自孤独感、无助感、恐惧和敌意，代表着克制这些感受，处理与外部世界关系的方式；其首要目标不是满足而是安全；其强迫性特征源于其背后的焦虑感。这些驱动力中的两种——对情感和权力的神经症性渴求——首先得以分析清楚，并在《我们时代的神经症人格》一书中得到了详细阐述。

虽然我认为我的理论保留了弗洛伊德学说的基础，但至此我认识到，为求更准确的理解而开展的研究已经带我偏离弗洛伊德的方向。如果弗洛伊德认为属于本能的这些因素实际上是文化决定的，认为出于力比多的需求实际上是对情感的神经症性需求，以由焦虑催生、寻求与人共处的安全感为目标，那么力比多理论便站不住脚了。童年经历依然重要，但对我们人生的影响则另当别论。这样一来，其他理论差异便也紧随而至。因此，我有必要从弗洛伊德的学说中另立门户，形成自己的观点。阐明这一观点的成果便是《精神分析的新方向》。

与此同时，我继续对神经症驱动力进行了研究。我将强迫性驱动力称为神经症性倾向，并在我随后的著作中描述了其中十个。至此，我也已经认识到神经症性人格结构具有核心影响力。此时，我将其视为一个宏观结构，内部有许多微观结构相互作用。每个微观结构的核心都是一种神经症性倾向。这一神经症理论具有实用意义。如果精神分析不是首先将我们现在面对的困难与过去的经历联系起来，而是依赖于理解我们现有人格内部各种力量的相互作用，那么在不依靠或略微依靠专家指导的情况下，患者认识并改变自我便完全可行了。精神治疗需求广泛出现，而可靠的治疗依然稀缺，面对这一局面，自我分析看起来有望填补巨大的需求缺口。因为主要内容是关于自我分析的可行性、局限性及具体方法，我将这本书命名为《自我分析》。

然而，该书中对个人倾向的阐述并不能让我完全满意。虽然对这些倾向本身的描述是准确的，但我始终觉得，列举这种表现形式太过简单，以致这些倾向显得过于孤立。我发现，对情感的神经症性需求、强迫性谦卑以及对“伙伴”的需要属于同一类。当时我未能发现的是，他们共同体现了一种对人、对己的基本形态，以及一种特定的人生哲学。这些倾向的核心，即我现在归纳起来所称的“亲近人”。我还发现，对权力和特权的强迫性渴求与神经症性野心具有共性。我称为“对抗人”的倾向所涉及的因素大体由此构成。而受人仰慕的需求和完美主义驱动力，虽然都具有神经症性倾向的所有特征，并影响着神经症患者与他人的关系，但是看起来它们主要关乎个人与自我的关系。同样，被人利用的需求，看起来不如对情感或权力的需求那么基础；它的影响不如后二者广泛，仿佛它不是一个个体，而是从一个更大的整体上剥离出的一部分。

我的质疑后来被证明是合理的。在之后几年里，我的兴趣焦点转移到神经症中各种冲突的作用上。我曾在《我们时代的神经症人格》一书中指出，不同神经症倾向之间的冲突使人罹患神经症；在《自我分析》一书中指出，神经症性倾向不但会互相强化，而且还会产生冲突。不过此时冲突还只是一个边缘话题。弗洛伊德曾发现内心冲突的影响，然而，他将其视为压抑与被压抑的驱动力之间的斗争。这时，我开始认识到冲突的性质并非如此。冲突存在于两个矛盾的神经症倾向体系之间，虽然发源于对他人的矛盾心态，但是随着时间的推移，也包含了自我关系中的矛盾心态、矛盾的品格以及矛盾的价值观体系。

随着观察工作的推进，这些冲突的影响让我眼界大开。首先让我震惊的是，患者对自身内部明显的矛盾全然不知。当我指出这一点时，他们闪烁其词，好像对此毫无兴趣。一再遇到这种情况后，我意识到这种逃避表明患者内心深处害怕触及这些矛盾。最终，猛然意识到冲突的存在后，患者的反应是惊恐，这表明我正在研究的是一种破坏力。患者完全有理由想避免直面这些冲突：这种力量能将患者的内心撕得四分五裂，这让他们不由得心惊胆战。

随后我开始意识到，为了极力地“解决”[1]冲突，或者更准确地说，否认冲突的存在、刻意营造内心的和谐，患者投入了何其多的精力和智力。我发现解决冲突的尝试主要有四种，按本书中阐述的顺序列举如下。第一种，也是最初的尝试是打压冲突的一方，将其对立面扶植为主导。第二种是“疏远人”。神经症性孤僻的病理此刻看来又有不同。孤僻是基本冲突的组成部分，或者说，是相互冲突的源头心态之一，但它也代表着解决冲突的尝试，因为与人保持情感距离可以免于引发冲突。第三种则是一种迥异的方式。与疏远他人相反，神经症患者疏远了自己。他的整个真实自我被其所塑造的理想化自我形象所取代，在这一新形象中，相互冲突的部分被粉饰一新，看起来像是一个丰满人格的不同侧面，全无冲突的痕迹。这一概念有助于厘清很多关于神经症的问题，此前这些问题尚未得到理解，也就无从治疗。这一概念还为神经症倾向中两种原本

[1] 全书中我将用“解决”一词描述神经症患者消除内心冲突的尝试。因为他们无意识中拒绝承认存在这些冲突，所以严格来讲，患者本人其实并不打算“解决”它们。他们无意识的努力，目的在于“回避”这些问题。——作者注（本书正文部分注释如无特别说明，均为作者本人注）

未能归入体系的倾向找到了合适的地位。现在看来，对完美主义的追求是为了努力接近理想化自我形象；渴求被人仰慕，则是患者期望得到外界的承认，即承认他本人就和自身理想化形象一样优秀。这个形象越是脱离实际，就相应地越难以满足。在所有试图解决冲突的尝试中，理想化形象很可能是最重要的手段，对整个人格有着深远的影响。但是它反过来又在内心制造了一个新的裂痕，又需要再加修补。第四种寻求解决的尝试主要是想消除这一裂痕，只是也像是想用魔法消弭其他冲突。通过我所称的外化，内心活动在自我之外表露出来。如果说理想化形象与真实的自我之间是一步之遥，那么外化就代表着更为严重的分裂。它同样会引发新的冲突，或者大大激化自我与外部世界之间原有的冲突。

我将其称为为避免冲突而采取的四种主要尝试，一部分是因为在所有神经症患者内心，这四种尝试全都以不同程度存在；另一部分是因为它们明显地改变了患者的人格。但是，解决冲突的尝试绝非仅有这几种。其他不那么常见的策略包括：盲目紧张，其主要作用是压制内心的一切怀疑；僵硬自控，完全依靠意志力将割裂的人格强攥在一起；愤世嫉俗，怀疑一切价值，从而消灭一切关于理想形象的冲突。

与此同时，我也逐渐发现所有这些悬而未决的冲突所致的结果，我看到这些冲突引发多种恐惧，虚耗精力，难免有损德行，并使患者因自觉深陷其中难以自拔而陷入深深的绝望。

理解了神经症性绝望的影响之后，我才注意到了施虐倾向的含义。现在我已经明白，这些代表着一种尝试，即试图通过让他人受苦来找回自我，而施虐者往往为自身经历所困而深陷绝望。这种不顾一切的激情常见于施虐行为中，源于个人难以满足的报复欲。于是我明白了，伤害他人的需求实际上并非一种孤立的神经症性倾向，而只是某个综合性整体的一种始终有效的表达，这个整体，我们最好称为施虐癖。

自此，神经症理论逐渐成形，其动力来源为“亲近人”、“对抗人”和“疏远人”三种心态两两之间的基本冲突。患者一方面害怕自己内心分裂，另一方面也需要作为一个完整人而存在，因此他绝望地寻求避免冲突。这样他虽然能成功地人为实现某种平衡，新冲突却不断涌现，势必不断需要更多补救。在为统一人格挣扎的路上，每一步都增加着神经症患者内心的敌意、无助感、恐惧以及对自己和对他人的疏远，于是引发冲突的诸多难题愈发突出，得以真正解决的希望越来越小。最终患者陷于无助，也许会寄希望于施虐行为来恢复人格完整，但这反过来却加深了他的无助感，引发新的冲突。

于是，描绘神经症发展过程及其所致人格结构的图景就会非常灰暗。那我为什么还称之为建设性理论呢？首先，有脱离现实的乐观主义者认为，用简单得不可思议的方法就能“治愈”神经症，而我的学说打破了这一幻想。但这并不等于同样不切实际的悲观主义。我称之为建设性理论是因为这一理论让我们第一次有机会着手处理并解决神经症性绝望。我称之为建设性理论，最重要的理由是它虽然承认神经症问题盘根错节、十分棘手，但它还是提出了积极乐观的观点，不但让我们有机会调节深层次冲突，还能进一步提出实际的解决方案，从而为构建一个真正完整的人格而努力。神经症冲突不是理性决策可以解决的，神经症患者回避冲突的尝试有害无益，但是这些冲突可以通过改变人格中引发冲突的条件而加以解决。认真完成的点滴分析工作将改变这些条件，让患者少一点绝望，少一点恐惧，少一点敌意，少一点对人对己的疏远。

弗洛伊德对神经症及其治疗的悲观态度源于他对人的美德与成长方面深深的不信任。在他看来，人类的命运注定是毁灭与受苦。驱使人类的本能只能被控制，或者至多被“升华”。而我相信人有欲望，也有能力挖掘自己的潜能，体面地做人。如果一个人与人、与己的关系被持续扰乱，那么他的能力和欲望就会恶化。我相信，人可以活到老、改到老。理解得越深，这一信念便越坚定。

第一部分

神经症冲突及解决冲突的尝试

【三颗钻专家伴读】

第一章

李孟潮

霍妮在这一章开头首先提出，心理冲突是一种正常现象。

然后在第三段，她提出了自己的冲突文化观：如果文明状态稳定，冲突的范围就狭窄；如果文明处于转型期，冲突就会激烈而困难。这是她的文化致病说的来源。随着人的发展，他的客体世界，会逐渐由父母扩充到社会，最后到整个宇宙。如果文化稳定，那么在个人内心，就只体现为超我和自我的冲突。而如果文化处于转型期，比如农业文明转型为工业文明，那么社会上农业文明的价值观和工业文明的价值观的冲突，就会变成一个人内心两种超我的冲突。这时候就更加需要强大的自我了，自我必须在转型期社会，在冲突的价值观中选择符合自己个性的价值观。

霍妮在文中接下来说，一个人要做选择，需要有四个前提：1）了解到自己的愿望和感受是什么；2）确定自己的价值观是什么；3）学会放弃；4）学会负责。

霍妮虽然说了这四个方面，但是这四个方面的具体技术是什么却没有细化，后来的接受与承诺疗法、情绪聚焦疗法等补足了这一块短板。读者们可以参考一本自助书册，名为《当情绪遇见心智：应对日常情绪伤害的10种策略与方法》，其中第四章“行动中的价值观”，可以帮助人们理清自己的价值观。

在本章最后，霍妮试图对正常冲突和异常冲突做一个鉴别诊断。她指出异常的、神经症性的冲突，具有以下特征：1）冲突的激烈性、极端性；2）冲突过程是无意识的；3）冲突双方具有强迫性、强制性。

不过从现在的观点来看，当代的心理诊断学只针对心理障碍进行诊断，而不针对具体的心理结构、心理过程进行诊断。打个比方，就像新冠病毒感染的诊断，一个人只有出现了明显的肺部病变，才能被诊断为肺炎患者，而不是人体内发现几个病毒，就确诊肺炎了。正常的人体内，就是会携带一些病毒的。

所以当代心理治疗界，一般不对冲突、情绪、需求这些基本成分进行诊断，心理医生们也没有发明出正常家庭结构–异常家庭结构、正常爱情–异常爱情的诊断标准。一旦谈到诊断和鉴别诊断，我们就翻开一本叫作《DSM–5》[1]的诊断手册，列入其中的心理障碍就进行诊断，否则就都是正常的。

[1] 即《精神障碍诊断与统计手册（第五版）》。——编者注

第一章
神经症冲突之苦

我们不妨从这一点说起：有冲突并不意味着就有神经症。我们的愿望、利益、信仰有时难免与周围人发生碰撞。我们与所处环境的这种冲突本是寻常之事，同样，我们内心的冲突也是人生必不可少的一部分。

动物的行为很大程度上取决于其本能。交配、哺育、觅食、应对危险，这些行为或多或少都由先天决定，不受个体的决定影响。相反，人能够选择，必须做决策，这对人类而言是特权，也是负担。我们必须在背道而驰的不同欲望间做出抉择。比如：我们有时想独处，有时想和朋友在一起；我们有时想研究医学，有时又想学习音乐。或者心愿与责任之间也会发生冲突：有人遇到麻烦，需要我们关心，可这时我们却想和情人缠绵。有时我们既想与他人保持一致，又坚信应该表达与其对立的观点，这让我们内心撕裂。最终，我们将陷于两套价值体系的冲突中，例如战争时期，我们既相信应该承担危险的工作，又觉得应该承担家庭的责任。

这些冲突的种类、范围和激烈程度很大程度上取决于我们所处的文明。如果这个文明状态稳定，传承传统，那么选择的多样性就有限，个人内心冲突的范围也就狭窄。但即便如此，冲突也不会缺席。对一方的忠诚往往牵涉对另一方的不忠，个人欲望可能与集体责任相违背。相反，如果这个文明处于快速转型期，激烈冲突的价值观与截然不同的生活方式并存，个人要做的选择就纷繁而艰难。个人可以服从社团的期望，也可以做个人主义的异类；可以交际广泛，也可以离群索居；可以崇拜成功，也可以鄙夷成功；可以相信对孩子要严加管教，也可以主张放养孩子少加干涉；可以认为道德标准男女有别，也可以认为应该一视同仁；可以将性关系视为人际亲密关系的表达，也可以将其与感情纽带割裂开来；可以心存种族歧视，也可以坚定立场，认为人的价值与肤色、鼻形无关——诸如此类，不胜枚举。

毫无疑问，生活在我们文明中的人，常常不得不做出类似的抉择，可想而知，出现这些方面的冲突也算稀松平常之事。但令人震惊的是，大多数人对此浑然不觉，因此也就无从做出明确的抉择，以解决这些冲突。更多情况下，人们放任自流，任由自己被种种偶然所摆布。他们不知道自己所处的位置，在不知不觉中妥协，陷入矛盾而不自知。这里我指的既不是人们的普遍状况，也不是理想人，而仅指没有患神经症的正常人。

因此，要想发现矛盾所在并在此基础上做出抉择，就必然要找到其前提。这些前提分四个层次。首先，我们必须明白自己的愿望是什么，甚至自己的感受如何。我们喜欢一个人，到底是发自内心的，还是只是因为觉得自己应当喜欢他？有人去世了，我们是真心感到悲痛，还是仅仅是例行公事？我们是真的想当律师或者医生，还是仅仅因为这些职业受人尊敬、收入不菲而让我们动心？我们是由衷地希望自己的孩子们开心、独立，还是仅仅说一套做一套？我们大多数人会发现这些问题看着简单，却很难回答，这就意味着：我们并不了解自己真正的感受和需要。

其次，鉴于冲突往往与信仰、信念和道德观有关，要发现冲突，首先便要假定我们已经形成了一套自己的价值体系。如果我们只是得知某些信念而未将其内化吸收，那这些信念很难有足够的力量导致冲突，也很难成为我们抉择时的指导性原则。如果受到新的影响，这样的信念将很快让位。如果我们只是采纳了自身所处环境中倡导的价值观，那么有些冲突就不会发生。例如，一个父亲孤陋寡闻，但他的儿子却从不质疑父亲，那么就算父亲要让儿子从事其并不喜欢的职业，父子之间也不会有多少冲突。一个已婚男子陷入婚外情，实际上是陷入冲突；但是，如果他本来就不确定婚姻的意义如何，那他就会避开阻力、放任自流，而不会直面冲突、做出取舍。

再次，即使发现了类似的冲突，我们还必须愿意且能够在“鱼与熊掌”这样对立的二者中放弃一者。但是，少有人能明确而有意识地放弃，因为我们的感受和信条往往剪不断理还乱。此外，这还可能是因为分析到最后，大多数人仍然无法心平气和地放弃任何东西。

最后，抉择的前提是自愿为之且能自负其责。这包括抉择错误的风险，以及自愿承担后果、不怨天尤人的意志。这就涉及“这是我的选择，我的行为”的感受，以及所需的内心力量与独立性。不过，当今大多数人恐怕都很难做到。

不论我们多么想否认，冲突都扼住了很多人的咽喉，越来越紧，而我们喜欢用艳羡的目光看着那些生活一帆风顺、不受这种困扰的人。这种羡慕是有理由的，这些顺遂的人，可能能力强大，已经建立了自己的价值等级体系，也有可能经年累月之后在一定程度上获得了平和的心态，冲突和形势所需的决断失去了颠覆性的力量。但是外表也许是具有欺骗性的，通常，因为冷漠、服从或投机，这些让我们嫉妒的人并不能真正面对冲突，也不能基于自身信仰真正地尝试解决冲突，所以只是随波逐流，或被眼前利益所左右。

明明白白地经历冲突虽然可能让人痛苦，但却是无价的资产。我们越是直面自己的冲突并寻求解决之策，内心就能获得越多的自由与力量。我们只有愿意承受这种冲击，才能接近理想：做自己人生航船的舵手。愚昧的灵魂里生出的伪平静毫不值得羡慕，相反，这种伪平静使我们软弱，一受影响就轻易沦陷。

当冲突焦点集中在生活的主要领域时，正视冲突、解决冲突就更加困难。但只要我们活力充沛，原则上就更能够做得到。要想活得更有自知之明，更有自己的信仰，教育对此颇有助益。对选择中相关因素重要性的认识，能让我们树立奋斗的理想，并由此找到生活的方向。[1]但如果一个人患有神经症，那么他发现和解决冲

[1] 对于仅仅因环境压力而反应迟钝的正常人，哈里·爱默生·富司迪所著《做个真正的人》之类的书籍对读者颇有裨益。

突必经的困难就大大增加了。不得不说，神经症总是有一个程度问题——如果我说“一个神经症患者”，那我的意思总是“这个人的病情达到了神经症的程度”。他对自身感受、欲望的感知很弱。通常，他能有意识地清晰体会到的感受，仅限于其弱点受到刺激时产生的恐惧、愤怒等反应，甚至这些感受都可能被压抑。这些真实存在的典型患者受强制性标准影响太深，以至于失去了自己决定行为方向的能力。在这些强迫性倾向的操纵下，其割舍的能力已然丧失，对自己负责的能力也就荡然无存了。[1]

神经症冲突与类似的普遍性问题一样令正常人不解，但它们的种类完全不同，所以有人质疑用同一术语指代两者是否可行。我认为可行，但必须知晓其区别。那么，神经症冲突的特征有哪些呢？

举一个某种意义上简化了的例子来说明。一个工程师，在机械研究中与他人合作，时常为间或的疲惫易怒所困扰。有一次，下面这件事又让他发作了：在讨论某个技术问题时，他同事的观点比他的想法更为人所接受。不久，大家在他缺席的情况下做出了决定，且之后没有给他任何提建议的机会。在这种情况下，他可以指出程序不当而大吵一架，也可以有雅量地接受大多数人的意见。无论采用哪个处理方法，心理都与行为相协调。但他没有选择上述任何一种态度。他虽然感到深受怠慢，却并未据理力争。他只是感觉到了自己的愤怒。至于他内心简直动了杀机的火气，只是出现在他的梦

[1] 参见本书第十章“人格衰竭”。

里。这种被压抑的暴怒——其中，对他人的怒火和对自己懦弱无能的怒火交织——是他感到疲惫的主要原因。

诸多因素决定了他无法协调地反应。他自我认识的形象浮夸，需要靠他人的顺从维系。当时这些都是在无意识中起作用的。他有如上反应只是因为觉得，在他的专业领域，没人比他更聪明、更称职，任何轻蔑都会削弱这个假设，从而激起其怒火。于是，他无意识地产生斥责、羞辱别人的施虐冲动——他自己对这种心态又极其反感，所以又用讨好的态度将其掩盖。这种讨好的心态不自觉地带着利用他人的动机，迫使别人对他也客客气气的。对他人的赞许和情感的强迫性需求，常常与服从、姑息、避免争吵的态度相结合，使得他对别人的依赖性更强。这样就形成了冲突：一方面，是两种破坏性的欲求——愤怒的反应与施虐的冲动——之间的冲突；另一方面，是对赞许和情感的需求与自认为公正理性的欲望之间的冲突。其结果便是内心在不知不觉中陷入混乱，其外显的表现——疲惫感，则让他无力完成任何事。

看看冲突中涉及的这些因素，首先让我们震惊的是它们之间的矛盾：既居高临下地要求别人顺从，又卑微地讨好别人。我们实在难以想出更极端的对立面了。其次，整个冲突过程是无意识的。冲突过程中起作用的矛盾倾向没有被发现，而是被深深地压抑着。内心波涛汹涌，却只有一点涟漪泛上水面。情绪因素被理性包装了：这不公平；这是蔑视我；我的主意更好。最后，冲突中针锋相对的双方又都是强迫性的。即使他的头脑多少察觉到自己所求过度，或者多少意识到自身依赖性的存在与本质，也无法自主修正这些因素。要修正这些因素，就需要先进行客观的分析工作。无论在哪一方面，他都被无法自控的强制力所驱使，因内心紧缺所致的任何需求，他都难以割舍。但这些需求里，没有一个能够代表他自己真正缺乏或者寻求的东西。他可能既不想咄咄逼人，也不想卑躬屈膝。事实上，他自己也鄙视这些倾向。但这种情形对理解神经症冲突却影响深远——它意味着所有抉择均不可行。

另一个例子更能体现出类似的情况。一个自由设计师总从一位好友处盗窃少量钱财，外部环境并不能解释其盗窃行为。他是需要钱，但这位朋友应该会像以往间或所为那样慷慨相助。他盗窃的原因尤为惊人，因为他是个注重友情的体面人。

以下才是最深层次的冲突。一个人对情感有明显的神经症性需求，特别是渴望在任何方面都得到关心。这种需求，无意识地与利用他人的动机相融合，其手段便是尝试恩威并用。这些倾向本身使他愿意并渴望得到帮助和支持。但无意识中他又生出一种极端的自负，并相应产生一种脆弱的骄傲感。有机会帮助他的人应当对此感到荣幸，开口求助是件让他丢面子的事。他厌恶求人，这种厌恶感进一步为对独立、自足的强烈渴望所强化，使他无法容忍自己承认需要任何东西，或让自己欠下人情。所以他只能主动索取，却无法被动接受。

这种冲突的内容与第一个例子不同，但本质特征相同。而且，任何神经症冲突的例子都会类似地体现出这些冲突驱动力相互之间的不匹配性、无意识性和强迫性本质，故而总在对立面之间无法抉择。

如若允许模糊区分，正常的冲突和神经症冲突的区别根本上在于，正常人内心冲突各方面的对立程度要比神经症患者的小得多。正常人要在两种行为模式之间选择，在整合良好的人格体系下，这两种模式都是可行的。用图形表示的话，那么冲突因素的方向差异小于等于90°，而神经症患者面对的冲突中，对立因素的方向差异可能会达到180°。

在认识层面，正常人与神经症患者之间也有程度上的区别。正如克尔凯郭尔[1]指出的那样："仅靠如完全无意识的绝望和完全有意识的绝望这样抽象的对比，远远不足以描绘纷繁复杂的现实生活。"然而，我们可以这样说：正常的冲突可能是完全有意识的，而从其核心要素来说，神经症冲突总是无意识的。即使一个正常人可能认识不到自身的冲突，但是稍加点拨他就能有所察觉，而导致神经症冲突的核心倾向却被深深压抑着，唯有排除巨大阻力，方能使真相大白。

正常的冲突可能与当事人要在渴求兼得的两种可能性之间选择有关，也可能与在当事人同等重视的不同信仰之间选择有关，所以，即使选择再艰难，并需要有所割舍，他终究可以做出可行的决策。但陷入冲突的神经症患者则无法自由选择，他们被方向相反但同样强大的强迫性力量驱使，而他并不想顺从任何一方，所以就无法做出通常意义上的抉择，进退两难、无路可走。因此，要想解决冲突，就要着力处理相关的神经症倾向，以此调整他与自己、与他

[1] 索伦·克尔凯郭尔，《致死的疾病》，普林斯顿大学出版社，1941年。

人的关系，从而摆脱这些倾向的困扰。

这些特征解释了神经症冲突之苦的原因。这些冲突不只是难以发现，也不只是让人陷入无助，还拥有令人生畏的干扰能力。只有理解并记住这些特征，我们才能理解神经症患者为寻求解决冲突而做的绝望的尝试，正是这些构成了神经症的大部分症状。

【三颗钻专家伴读】
第二章

李孟潮

这一章霍妮一共阐述了五个观点。

观点一：如何探查无意识的冲突？

主要有四个方面：1）无意识冲突会导致各种症状；2）无意识冲突会体现为不协调性，所谓心口不一、言行不一；3）无意识冲突在特定条件下也可以表面化、被意识到，虽然会发生很多变形；4）无意识冲突可能外化，形成对环境的不适应。

这四个方面今天仍然适用，但有一点需要补充——探查无意识冲突，最有效的方法是记录系列梦日记，但是霍妮似乎很少讨论梦及其作用。霍妮在这一章构想出一个冲突结构图，其中包含了一个最基本的冲突，所以就有了观点二。

观点二：个案的基本冲突是愿望的冲突。

在这一部分她的论点显得有些混乱，比如她一开始反驳弗洛伊德的观点，认为弗洛伊德的观点——“本我和超我”没有体现基本冲突，她认为有些人的本我就是冲突的，但是她笔锋一转，又提出弗洛伊德有关生本能和死本能的冲突说和她的观点一致。这一部分正如总论导读中所提出的，本我、自我、超我都存在冲突。

观点三：人会有一种基本焦虑，它来自环境中的敌对太多和成人世界的伪善，这造成了孩子的不安全感。

这个观点，可以理解为不同层次多种冲突的混合，环境中的敌对，接近于第一层次的冲突，而成人世界的伪善，则接近于敌对夫妻、专断教师、功利长辈这些客体表象。

观点四：为了防御基本焦虑，形成了亲近人、对抗人、疏远人三大倾向。

这个观点构成了后面第三章到第五章的内容。我们到后面再来详细论述。

观点五：亲近-对抗-疏远三大心态盘根错节，不仅影响外在人际关系，而且会像肿瘤一样影响整个人格组织。

这个观点被霍妮命名为“外化”。在第七章，她用了整整一章来讨论它。外化，在今天被称为投射性认同（projective identification），投射性认同＝一个人内心的投射与认同＋两个人之间的交互投射与认同。简单地说，就是两个人的内心和外在都被彼此的自体-客体关系配对感染和影响。在第七章的伴读中，我会更加详细地讨论这一点。

第二章
基本冲突

在神经症中，冲突的重要性比人们通常认为的要大得多。然而，想要发现冲突绝非易事——部分原因在于其本质上是无意识的，但更重要的原因是，神经症患者竭力否认冲突的存在。那么，有什么标志让我们有理由怀疑冲突正在潜伏呢？前一章所举的例子里，有两个均十分明显的因素可以表明存在冲突。其中一个标志是冲突导致的症状——第一个例子里的疲惫感，第二个例子里的盗窃行为。事实上，每个神经症症状都指向一个潜在的冲突；或者说，每个症状都或多或少是由冲突外化形成的。我们可以逐渐看到悬而未决的冲突对人的影响，以及冲突如何引发焦虑、抑郁、犹豫、懒惰、孤僻等诸多心态。理解这方面的因果关系有助于我们调整注意力，虽然无法揭示其根源的确切本质，但可以从外显的乱象聚焦于其根源。

表明冲突正在起作用的另一个标志是不协调性。在第一个例子里，可以看到一个人一方面深信程序错误让自己深受不公，另一方面却无意反抗；而第二个例子里的人珍视友谊，却又盗窃朋友的钱财。有时他本人对这种不协调性心知肚明，但更多情况下，即使对未经训练的旁观者而言，这些迹象也已显而易见，而当事人自己却对此一无所知。

就像体温上升是身体生病的特征一样，不协调性是冲突的明确特征。常见的有：有的姑娘恨嫁，却又躲开任何靠近的男子；有的母亲为孩子操碎了心，却时常忘记他们的生日；有的人对别人总是慷慨大方，而自己却省吃俭用；有的人想自己清静，却从不设法独处；还有的人对别人宽忍为怀，对自己却苛求太过。

与症状不同，不协调性常常有助于我们对深层次冲突做出试探性假设。例如，严重的抑郁只能说明此人身陷困境。但是如果一个看似尽心尽责的母亲却忘掉了孩子的生日，我们则更可能倾向于认为，这位母亲更专注于其“做个好妈妈”的理想，而非专注于关心孩子。我们也可以看到，她的理想状态很可能与挫败孩子的无意识施虐倾向相冲突。

有时冲突会浮出水面——人们可以有意识地体验冲突。我曾断言神经症冲突是无意识的，而这一现象看似可以反驳我的论断，但实际上，显现出来的冲突已经被扭曲或者修正过。于是，他发现自己必须做出重大决定时，即使他有逃避的技巧，除非手段高明，否则有意识的冲突仍然会将他的内心撕裂。此刻他无法决定是娶这个女子还是那个女子，抑或是否还要结婚；是去做这份还是那份工作，或者是维持还是解除伙伴关系。随后他便要经历最大的折磨，在对立面之间来回碰撞，完全无法做出任何决断。心情沮丧的他可能会求助于精神分析医生，指望医生理清相关具体事务的头绪。然而他必然会失望，因为外显的冲突只是内心种种阻力最终的爆发点。不踏上发现潜在冲突的漫漫长路，上下求索，困扰他的具体问题就无法避免。

在其他例子里，内心冲突可能外化，并在当事人的意识中表现为其本人对环境的不适应。或者，当他发现无来由的恐惧与禁忌扰乱他实现心愿，就可能会发觉内心汹涌的横流来自更深层次的源头。

我们越了解一个人，就越能发现冲突的因素，正是这些因素导致了相关症状、不协调性以及表面冲突——但我们也必须补充一点，矛盾的数量和种类越多，局面就显得越为混乱。所以我们不禁要问：在所有这些具体冲突之下，有没有一个基本冲突，是所有具体冲突的罪魁祸首？我们能否画出一个冲突结构图，就像一个不和谐的婚姻里，数不胜数的分歧、争执，涉及如交友、育儿、理财、用餐、雇用人等方面，看似互不相关，却都指向关系中某个根本性的不和谐因素？

相信人格中存在基本冲突，这个古老的观点在众多宗教和哲学中有着显赫的地位。光明与黑暗、上帝与恶魔、善良与邪恶，这些是这种古老信仰的部分表达方式。在现代心理学中，弗洛伊德在这方面和在其他诸多方面一样，是一位开拓者。他首先假设在基本冲突中，一方，即本能的驱动力，盲目渴求满足，而另一方，即家庭、社会等外部环境，则加以禁止。环境施加的禁令在人的幼年时期就被内化，从此表现为严苛的超我。

这里，我们很难以应有的严肃态度恰当地讨论这个概念。这将需要重新列举所有反驳力比多理论的观点。我们不如自己来理解这个概念的含义，即使我们抛开弗洛伊德的理论前提，余下的也是这样一个主张：自我中心的原始动力与严格的良知相互对立，这一对立关系正是层层冲突的根源。后面也会讲到，我也认为这一对立关系——或者我认为大致相当的事物——在神经症结构中有重要作用。我是对其本质有异议：我认为这一冲突虽然重要，但却是次生的，是在神经症的病情发展中的必然。

我提出异议的理由将在后文阐明，这里只提出一点：欲望与恐惧之间的冲突，并不能完全解释神经症患者内心自我割裂的程度，也不能完全解释危害如此之大的结果——患者的人生都可能就此毁灭。弗洛伊德假设的精神状态认为，神经症患者仍保有全身心追求某个目标的能力，他只是在追求过程中被恐惧所阻碍。如我所见，冲突的根源则围绕着神经症患者失去全身心追求任何愿望的能力这一点，因为他的愿望是割裂的，也就是说总是南辕北辙的。[1]事实上，这将导致的情况比弗洛伊德所见要严重得多。

虽然我认为基本冲突对内心的扰乱比弗洛伊德所认为的更为严重，但是我认为可能的最终解决方案比他提出的更积极。弗洛伊德认为，基本冲突无处不在，原则上无法解决。达成更好的妥协，或者施加更好的控制，便是我们所能做的一切。而我认为，基本的神经症冲突首先并不必然出现，即使出现也有解决的可能——前提是当事人愿意承受深重痛苦，并且迎难而上，这一过程无法回避。这

[1] 参见弗朗茨，亚历山大，《结构性与本能性冲突的关系》，《精神分析季刊》，1933年4月，卷十一，第二部分。

个区别不在于积极与消极之分，而是不同的前提必然导致的结果。

从哲学角度看，弗洛伊德此后对基本冲突这一问题的回答很有吸引力。再次把他思路上诸多暗示放在一边，他提出的“生”与“死”的本能的理论，可以归结为人类建设性与破坏性力量之间的冲突。相比于两种力量组合的方式，弗洛伊德对引入这一概念并与冲突相关联这方面就兴致索然了。例如，他就看到了有这样一种可能，即施虐与受虐的驱动力可解释为性与破坏两种本能相融合的产物。

在冲突的研究中运用这一概念需要引入道德价值观。但对弗洛伊德而言，这是道德价值观非法入侵科学领域的表现。基于这样的信仰，他努力在发展心理学理论过程中避开道德价值观。我认为，他这种在自然科学领域非常“科学”的尝试，正是弗洛伊德的理论及基于其理论的疗法局限性极强的原因之一。更具体地讲，虽然他在神经症领域做了大量的工作，但却未能充分认识冲突的作用，可见他的这种尝试难辞其咎。

荣格也对人精神上的对立倾向给予了充分重视。实际上，个人内心的矛盾给他留下了尤其深刻的印象，他甚至认为，任何一种因素的存在必然意味着其对立面的存在，这是一条普遍规律。外在的女性化特征意味着内在的男性化特征；表面的外向性格，意味着隐藏的内向性格；外显的深思熟虑，意味着内在的强烈感受；诸如此类。到目前为止，荣格似乎是把冲突视为神经症的核心特征。但是，他进一步提出，这些对立面不是相互冲突的而是互补的，目的是兼容两者，从而追求完整性这一理想。对他而言，神经症患者是这样一种人：他陷于部分对立因素片面发展的窘境。荣格在其所称的“互补规律”中阐述了这些概念。而现在，我也承认对立倾向性包含互补的因素，在完整的人格中任一因素都不可或缺。但我认为，这些因素脱胎于神经症冲突，并与之紧密联系，因为它们代表着为解决冲突所做的尝试。例如，有些人习惯自省，与世无争，这些人更看重个人的感受、思想或想象而相对看轻与他人的关系。如果我们将这种倾向视为真实的倾向，那么荣格的推理就该是正确的。有效的治疗方法就应该是向患者揭示他隐藏的“外向”性格，指出任何一方面片面发展的危险，并鼓励他接纳二者，活出全面的自己。但是，如果我们看一下内向性格（我更愿意称之为“神经症性孤僻”），就会发现其目的是逃避与他人处于紧密联系中时产生的冲突，所以治疗的任务不应是鼓励其变外向而应是分析深层的冲突。只有解决了这些冲突，我们才可以追求精神全面均衡发展这一目标。

现在转而阐述我自己的观点，我认为神经症的基本冲突在于一个人对他人的矛盾心态中。详谈细节之前，我们先注意一下《化身博士》故事中对矛盾的戏剧化表现。我们可以看到，一方面他文弱敏感、有同情心、乐于助人；另一方面则残酷无情、自我任性。当然，我不是想暗示，神经症性分裂总是符合这个故事里的方式，我只是想指出，就人际关系心态上基本的不协调性方面，这是一个生动的例子。

要对这个问题追根溯源，我们就要回到我称为“基本焦虑”[1]

---

[1] 卡伦·霍妮，《我们时代的神经症人格》，沃顿书屋，1937年。

的概念上，它指的是身处危机四伏的世界中，一个孤立无援的孩子心里的感受。环境中的大量敌对因素会导致孩子心中产生不安全感：直接或间接的支配、冷漠无情、怪异行为、对孩子个人需求的不尊重、缺少切实的引导、盛气凌人的态度、仰慕之情过多或过少、缺乏可靠的温情、父母分歧中被迫选边、责任太轻或太重、过度保护、与其他孩子隔离、不公、歧视、食言、敌对氛围等。

在这种情境下，我只想提醒大家特别注意一个因素，即环境中潜藏的虚伪带给孩子的感受：他会觉得父母的爱、基督教的仁爱、诚实、慷慨等可能都只是假象。在这种情况下，孩子感知的对象有一部分确实是虚伪的；但另一些则可能只是孩子感受到父母行为中的各种矛盾后所作的反应。然而，各种限制因素往往错综复杂。这些因素可能显而易见，也可能隐藏很深，所以在分析中，我们只能逐步发现它们对孩子成长的影响。

在这些干扰条件的影响下，孩子摸索着继续前进，设法与这个充满威胁的世界相处。尽管他自身有弱点，而且心怀恐惧，但还是形成了一套自己的手段，应对其所处环境中特定的力量。在这过程中，他不只发展了针对性的策略，还形成了稳定的性格倾向，并使其成为其人格的一部分。我称之为“神经症倾向”。

若想了解冲突是怎样形成的，我们绝不能过分紧盯着个人的倾向，而应以全局观审视这样的环境下孩子可能并实际朝着哪些主要方向发展。虽然我们会暂时错过一些细节，但我们必将以更清晰的视角看到孩子为应对环境所采取的关键活动。最初大局可能一片混乱，但不久之后，三条主要的发展轨迹就会浮现出来：孩子可能亲近他人、对抗他人，或者疏远他人。

亲近他人时，他接受了自身的无助，尽管关系疏远、心怀恐惧，他还是努力争取他人的好感，以寻求依靠。只有这样，他才会感到和别人共处是安全的。如果家庭分裂、各执己见，他将站到最有权势的个人或派别一边。他以顺从获取归属感、被支持感，从而让自己觉得自己不再那么孤单弱小。

对抗他人时，他接受并习惯了周围的敌意，并有意识或无意识地决心对抗。他内心不信任他人对自己的情感和意图，不择手段地反抗。他求强求胜、挫败他人，一方面是为了自保，另一方面也是为了报复。

疏远他人时，他既不寻求归属，也无心对抗，只想保持疏离。他觉得自己与他人没有多少共同点，别人怎么也无法理解他。他构建起自己的世界——或是依靠自然，或是依靠玩偶，或是用自己的书本，或是用自己的梦想。

这三种心态中的任何一种，都过度强调了基本焦虑中某个相关要素：第一种情况是无助感，第二种情况是敌意，第三种情况是疏离。但实际情况是孩子不可能只沿着这三个方向里的任何一个发展，因为在形成这些心态的条件下，三种倾向都必然出现。我们能从全局上看到的只是主导性活动。

如果我们直接对已经发展成形的神经症加以观察，这一情况将更为明显。我们都认识一些这样的成年人：上述三种心态中的某一种在他们身上特别突出。但是我们也会发现，其他的倾向并未停止对他们产生影响。在依赖服从主导型的人身上，我们可以观察到攻击性倾向和某种对疏离的需求。敌意主导型的人会变得顺从，也会需要疏离。而孤僻型人格者也并非毫无敌意或者不需要温情。

然而，主导心态在决定实际行为中起到最强的作用。它代表着某人与他人往来时自己感觉最好用的方法和手段。因此孤僻型人格者当然会无意识地运用各种手段与他人保持安全距离，因为任何需要与人保持紧密联系的情形都让他觉得不知所措。而且，占主导地位的态度往往（但并不必然）是本人在意识层面最愿意接受的。

这并不意味着更隐蔽的心态影响力更弱。例如，我们很难说，在一个看起来对人依赖、服从的人心里，支配欲就比情感需求要弱，他只是表达攻击冲动的方式更间接。潜在倾向的影响力可能极强，这一点已有很多主导性心态被逆转的案例证实。我们可以在孩子身上看到这样的反转案例，但是这在童年之后也可能发生。毛姆的小说《月亮与六便士》里男主人公思特里克兰德就是个典型的例子；女性病史也往往揭示出这种转变。一个女孩子，原本是个假小子，雄心勃勃、性格叛逆，但当她坠入爱河之后，她便成了个乖巧、黏人的姑娘，显得胸无大志。此外，被苦难碾压后，一个孤僻型人格者也可能产生病态的依赖性。

需要补充的是，类似的转变多少向我们揭示了以下常见问题的答案：童年以后的经历是否无足轻重？童年经历是否一锤定音地调整、决定了我们日后的人生轨迹？从冲突的视角观察神经症的演变，让我们能对此给出更确切的回答。可能的情况有：如果早期环境没有严重抑制人的自发成长，那么日后的经历，尤其是青春期的经历，将影响人、塑造人。然而，如果早期经历的冲击足以让孩子陷入定式，那么新的经历也无法突破这一定式。其原因部分在于，此人自身内心僵化，已无法吸收新的经验：比如一个过于疏远他人的人，无法容忍任何人靠近自己，或者其依赖性根深蒂固，结果他总是被迫低眉顺眼、被人使唤。另一部分原因在于，他总是按照既有定式来解释新的经历。以攻击型人格为例，这样的人若被友善地对待，他们就觉得这要么是愚蠢的表现，要么就是有人要利用他，新的经历只会强化这一既有定式。如果一个神经症患者确实改变了心态，那么很有可能是后来的经历改变了人格。然而，改变并没有表面那么彻底。事实是内外压力相结合，迫使其放弃原有的主导性心态，转向另一极端。但是如果没有冲突的存在作为线索，这种转变也就无从谈起了。

在正常人内心，这三种心态并无理由相互排斥。一个人应该能对人让步、与人对抗并独处。三者相互补充，构成一个和谐的整体。如果一者占据主导，那只是意味着在某一方面发展过度。

但是对神经症患者而言，三种心态不可共存的原因有很多。神经症患者内心已经僵化；他被驱使着去服从、争斗或置身事外，不管这样的举动是否合乎时宜，都不敢越雷池一步，稍有行差踏错便跌入恐惧之中。因此，如果这三种心态强势交会，那他必定深陷激烈的冲突中。

另一个因素显著扩大了冲突的范围，即这些心态并不局限于人际关系领域，而是逐渐在整个人格中渗透蔓延，就像一个恶性肿瘤在整个器官组织里扩散开来。最终它们不仅影响着人际关系，还影响着人与自己的关系，以及总体上人与生活的关系。如果对这种扩散性特征没有充分认识，我们可能会误认为其引发的冲突是成对的孤立矛盾，如爱与恨、顺从与轻蔑、臣服与支配，诸如此类。然而这种误导，就像在区分民主与法西斯时，仅盯着某一个对立特征，如二者在对待宗教或权力方面的区别。这确实有区别，但是顾此失彼地强调某一方面，反而模糊了重点：民主与法西斯有天壤之别，代表着完全互不兼容的两种生活理念。

某个冲突，起源于人际关系，随着时间的推移而影响了整个人格，这种情况并非偶然。人际关系非常关键，它必然会塑造我们的品格，决定我们的追求和信仰的价值观。所有这一切反过来会影响我们与他人的关系，二者相互交织，难解难分。[1]

我认为，互不兼容的心态导致的冲突构成了神经症的核心，因此可以被称为“基本”。需要补充的是，我所称的“核心”，不只是以其比喻意义表示影响重大，更是为了强调它是神经症扩散的动能中心。这是神经症新理论的核心，其理论的意义将在后文阐明。宏观来看，这一理论可以被视为我的既有观点（即神经症是人际关系障碍的表现）的发展。[2]

[1] 因为与他人的关系和对自己的心态密不可分，所以精神医学刊物中时有争议，称二者中某一者为理论及实践中最为重要的因素，这种观点经不起推敲。

[2] 这一概念首先在《我们时代的神经症人格》中提出，并在《精神分析的新方向》和《自我分析》中做了详细介绍。

【三颗钻专家伴读】

第三章

李孟潮

本章一开始，霍妮就把三种倾向改成了三种人格，分别是屈从型人格、攻击型人格和孤僻型人格。

霍妮所说的三种倾向，大概相当于现代心理学的两套术语。第一套是创伤心理学中说的战斗–逃跑–僵住–讨好这四种应激反应；另外一套则是依恋理论，包括安全依恋、回避依恋、焦虑依恋、恐惧依恋。第一套创伤心理学的术语更贴近霍妮的描述，毕竟它们都是在描述人类的防御机制。

而她说的三种人格，就非常接近今天说的人格障碍了。她描述的这种亲近人–屈从型人格，非常接近今天说的抑郁型人格障碍和依赖型人格障碍。依赖型人格障碍可以参考《人格障碍的认知治疗（第二版）》（中国轻工业出版社，2004）的第十二章。抑郁–受虐型人格障碍可以参考《精神分析诊断：理解人格结构》的第十一、第十二章。

另外，有几个流行心理学术语[1]——讨好型人格、取悦症、圣母人格——其实更加通俗和贴切地反应了这几种人格特质。这方面可以参考的自助书籍有：《取悦症：不懂拒绝的老好人》、《讨好型人格》（中国友谊出版公司，2021）。

[1] 流行心理学（pop psychology）是指因为书、电视节目、社交媒体等在大众中广泛流行的心理学理念，比如说巨婴、空心病、PUA等，都是流行心理学术语。与流行心理学对应的是学院心理学和临床心理学。学院心理学也就是大学中心理学院教授的心理学，学院心理学追求的目标是科学、精准，所以会使用数学、实验等作为主要手段，并且以认知心理学、神经科学、社会心理学作为主干课程。而临床心理学，主要是医学院教授的心理学，目标是治疗符合《DSM-5》诊断标准的人群。

与之相对，流行心理学追求的目标是流行和粉丝量，一般来说都是某个个人首先“红”起来，然后逐渐成立公司，成立一些私人的学院。流行心理学家很多时候容易被学院心理学家和临床心理学家鄙视，但流行心理学家也有反过来“逆袭”学院心理学家和临床心理学家的时候，最典型的代表就是弗洛伊德。他本来是神经科医生，但是他为心理障碍者提供心理治疗服务，因其影响很大，有一段时间里，心理学院和医学院都在教授精神分析。

流行的不见得就是好的，但是好的东西迟早会流行起来。霍妮的著作本来是朝着临床心理学的方向写作的，结果却“出圈”了，变成了流行心理学的作品。

第三章
亲近人

要想仅靠举一些个例就能说明基本冲突的作用机制是不可能的。基本冲突扰乱人的精神，对此，神经症患者围绕基本冲突构建了一套防御体系，一则可以将这些冲突从视野里抹掉，二则可以将冲突深埋，使之不能单纯以本来面目出现。其结果就是，表面上能看到的更多是寻求解决冲突的各种尝试而非冲突本身。因此，仅仅仔细分析病史细节无助于充分揭示其所有暗示与微妙之处。这种阐述必然千人千面，内容也会过于混杂。

此外，上一章构建的大纲仍须丰富完善。要想理解基本冲突涉及的方方面面，我们就必须对每个对立元素分别研究。要想实现这一点，我们就要观察不同个案类型里，哪个元素占据主导，以及它为何呈现出更可接纳的自我形象。为了行文简洁，我将这些类型分为屈从型人格、攻击型人格以及孤僻型人格。[1]在每个案例中，我

[1] “类型”一词在这里仅用于对具有明显特征的人进行简化。在本章及随后两章中，我完全无意提出新的分类法。分类固然令人期待，但这必须建立在更广泛的基础上。

们都应关注当事人更易接受的态度，尽可能不触及其掩盖的冲突。在每个类型里，我们都会发现，对他人的基本态度创造了，或者说至少滋生了某种需求、品质、敏感性、禁忌、焦虑，以及某种特定的价值体系。

这种讲解方式可能有一些缺点，但也有明显的优势。首先选择态度、反应、信仰等相对明显的人格类型，对这些因素的作用和结构加以观察，更有助于在模糊不清的病例里发现类似的组合。此外，观察整个病例有助于揭示三种态度的内在不一致性。再拿“区分民主与法西斯”这个例子来说：要想指出民主与法西斯在意识形态上的关键区别，我们不会研究一个信仰某些民主理想又暗中倾向法西斯方式的人。相反，我们会首先试着从国家社会主义文献、行动中理解法西斯思想，然后将其与民主生活方式的最典型表达方式相比较。两套信仰体系的对比会给我们留下清晰的印象，有助于我们理解那些试图在二者之间达成妥协的人和组织。

第一组，屈从型人格，显示出各种亲近人的特质。这类人明显需要情感联系和他人的赞许，并且有一种对“伙伴”——朋友、情人、丈夫、妻子——的特殊需要，“伙伴会实现屈从型人格者对生活所有的期望，好事坏事责任一肩挑，于是确保让他心想事成成为这位伙伴的主要任务”。[1]这些需求符合神经症的所有共同特征：强制性、盲目性，欲求受挫则会引发焦虑或依赖。这些需求的作用，几乎不依赖于相关“他人”的内在价值，也不依赖于当事人

[1] 引自卡伦·霍妮《自我分析》，沃顿书屋，1942年。

对他们的真实感受。这些需求的表现形式再多变，其核心都是对亲密人际关系的渴求，因对“归属”感的渴求而产生。由于这种需求本质上的盲目性，屈从型人格者往往觉得自己与周围人兴趣相同、意气相投，因而无视与他们的区别。[1]他对别人产生这种误解，不是因为无知、愚蠢或者无法观察，而是由于自身的强迫性需求。患者感觉自己就像一个被一群陌生而可怕的野兽包围着、威胁着的婴儿——一位患者画的就是这样。她站在那里，渺小而无助，站在整个场景的中央，周围有一只巨蜂要蜇她，一只狗要咬她，一只猫要扑到她身上，还有一头公牛要用角顶她。显然，其他生物的真正本质已无关紧要，关键是这一点：谁的情感越不可或缺，谁的攻击性就越强，谁就越可怕。总而言之，这种类型的人需要有人喜欢、有人需要、有人渴求、有人爱恋；需要被人接纳、受人欢迎、有人赞许、有人欣赏的感觉；越是重要的人，越要离不开他，这样他才觉得自己对别人越重要；要有人帮助他，有人保护他，有人关爱他，有人引导他。

在分析过程中，一旦向患者指出这些需求的强迫性特征，患者往往会断言这些欲求都再“自然”不过。当然，他是在自我辩护。而有些人，他们的精神已经完全陷入施虐倾向（后文将对此加以讨论），他们的情感需求已经阻塞、陷入瘫痪；对其他人而言，可以假定每个人都想被喜欢、有归属、有支持等。患者的问题在于宣称他们是发自内心地四处疯狂寻求情感与赞许，而事实上，他们

[1] 参见《我们时代的神经症人格》第二章、第五章涉及“对温情的需求”部分，以及《自我分析》第八章涉及“病态依赖”部分。

是跌入了急需安全感的无底洞，对情感、赞许的真实需求倒微不足道了。

满足这种渴望的需求非常强烈，他的一切行为都指向这一点。在此过程中，他形成了特定的品格和态度，进而塑造了性格。其中一些称得上暖心：在他能感性理解的框架内，他对他人的需求很敏感。例如，虽然他可能疏忽了冷淡之人保持超脱的愿望，但对别人寻求同情、帮助、赞同等的情形却很敏感。他自发地想要满足别人的这些期望——或者说是他主观认为别人抱有的期望，甚至常常不顾自己的感受。他变得“毫不利己”，自我牺牲，一无所求——他自己对情感的无限需求则例外。他变得低眉顺眼，关怀无微不至——尽自己一切可能——过分赞美，过分感恩，过分慷慨。但是他心底并不在乎他人，更倾向于认为他们虚伪自私，而他却对自己这一心态视而不见。但是——暂用有意识的术语描述无意识的情况——他说服了自己去喜欢每个人，相信他们都是“以礼待人”“值得信赖”的，而这个谎言不但让他失望心碎，更是让他对整个世界的不安全感进一步加深。

这些品质并没有他认为的那么珍贵，尤其是因为他并未顾及自己的感受与判断，而是将自己强烈渴望得到的一切都盲目地给予他人，还因为如果没有现实的回报，他会深感困惑。

同时，除了这些特征，还有另一类特征：以躲开敌视、争吵、竞争为目的。他往往放低身段靠边站，让聚光灯照向别人；他抚慰他人，谋求好感，并且——至少在意识层面——无怨无悔。任何报复心、好胜心都被深深压抑，他自己也常常奇怪，自己怎么这么好说话，即使有气也很快就消了。此时的重点是他主动自责的倾向。他再一次无视自己的感受，不管自己是否真有负罪感，面对明显无理的指责或者突然袭击，他总是把矛头对准自己而非别人，习惯自省或者自责。

在这些心态与严格的禁忌之间有一段微妙的过渡。因为任何一种攻击性行为都是禁忌，所以我们就会发现有人不愿显得武断、挑剔、苛求、颐指气使、令人印象太深、野心勃勃。同样，因为他的生活都围绕着别人进行，他的禁忌常常阻止自己谋取个人利益或享受生活。甚至，任何没有与他人分享的经历——无论是吃饭、看演出、听音乐还是游山玩水——都变得毫无意义。无须多言，这种严禁享乐的态度，不但让生活索然无味，也让他愈加依赖别人。

除了他对上述所列品质的理想化认识[1]，这种人对待自己的心态也有其特征。第一个特征便是充满了虚弱无助感——“我这个可怜虫”。一旦要自力更生，他便茫然若失，就像小船松开了系泊的缆绳，或者像灰姑娘失去了教母。这种无助感在一定程度上是真实的；当然，实际的虚弱也被这样的念头助长了：自己无论如何都吵不赢、争不到。而且，患者于人于己都坦承这种无助感。梦境也会戏剧化地强调这一点。患者往往以此作为呼吁或辩解的手段：“你必须爱我，保护我，原谅我，陪伴我，因为我非常虚弱无助。”

第二个特征来源于其妄自菲薄的倾向。患者想当然地认为每个人的地位都比自己高，他们更迷人、更聪明、更有教养、更值得珍

[1] 参见本书第六章“理想化形象”。

惜。这种感觉的事实依据是，他犹豫不决、左右摇摆的态度确实有碍他的能力发挥。即使是在个人能力毋庸置疑的领域，他的自卑感也让他更容易相信别人比自己能力更强——无论此人才干如何。面对咄咄逼人或骄傲自负的人，他的自我评价进一步降低。然而，即使是独处，他也会低估自己的品格、才华、能力，甚至还会低估自己的物质财富。

第三个特征属于患者对他人整体依赖性的一部分。也就是说，他倾向于无意识中以他人对自己的评价为自我评价。他的自尊随着外人对他的褒贬好恶而时起时落。因此，他人的任何驳斥都成了他的灾难。如果有人没有回复他的邀请，那么虽然他在意识层面不失理性，但根据具体内心世界的特殊逻辑，他的自尊就会一跌到底。换言之，任何的批评、驳斥，或者离弃，对他而言都是可怕的危险，他会卑微到尘埃里，去努力挽回威胁到他的人。左脸被打了还献上右脸，他这种行为不是什么神秘的“受虐”驱动力所致，而是其内心各种条条框框导致的必然结果。

所有这一切构建了患者与众不同的价值观体系。自然，随着个人总体的成熟，这些价值观自身也多少得到明确并固化。这些价值观引导人追求善良、同情、爱、慷慨、无私、谦逊，而自我、野心勃勃、冷酷无情、放荡不羁、怙势弄权则为人厌恶，虽然有时这些特质会因为代表着“力量”而被人暗中崇拜。

这些正是神经症患者内心亲近人的元素。现在看来，用臣服或依赖之类的单个词语形容这些特征显然不恰当，因为思维、感知、行为的方式——一整套生活方式——都隐藏在这些特质之下。

我曾承诺不讨论矛盾的因素。但是，如果不知道支配性倾向压抑对立面、巩固自身到何等程度，我们就无法完全理解神经症患者是如何一板一眼地死守这所有的心态和信条的。所以，我们来快速浏览一下这幅场景的另一面。分析屈从型人格时，我们发现有多种多样的攻击性倾向被严重压抑。与表面的过度关心形成鲜明对比的是，我们意外发现，他们对他人漠不关心，藐视他人，有意无意地依附他人、利用他人的倾向，控制、操纵他人的欲望，总想胜人一筹或者成功复仇的想法。当然，被压抑的驱动力在种类和力度上各不相同。这些部分是对先前与人相处时不幸经历的反应。例如，一份病史显示，五岁或八岁前，患者性格易怒，随后则变得一团和气。但受成年经历的影响，其攻击性倾向也会有所强化，并日益膨胀，因为多种因素让他心中不断产生敌意。此刻深入探讨这些未免离题太远。我们可以说，自我磨灭和“善良品格”换来的是别人的利用与践踏。进一步讲，依赖他人使得患者心理上特别脆弱，反过来，一旦他对情感与赞许的过度渴求得不到满足，这种脆弱又会使他觉得被抛弃、被拒绝、被羞辱。

我所说的所有这些感受、驱动力、心态被“压抑”，借用的是弗洛伊德的定义，指的是个人不只对此一无所知，而且执着于对此无所知，为此焦虑不已、时刻保持警惕，严防对自己或者对别人露出一点蛛丝马迹。这样，每种压抑都不禁让我们想问：患者压抑内心某种力量能得到什么好处？在屈从型人格的案例中，我们可以找到一些回答。其中大多数人，我们要到后面讨论理想化形象与施虐倾向时才能理解。现在我们能明白的是，敌意的感知和表达，会威胁到患者喜欢他人并被人喜欢的需求。此外，任何攻击性的或自我肯定的行为，在他看来都显得自私。他会主动谴责这种行为，并觉得其他人也会。于是他不敢冒天下之大不韪，因为他的自尊太依赖于他人的认可了。

压抑所有自主性、报复性、扩张性的感受与冲动，还有另一个功能。这是神经症患者为了消弭冲突，获得内心统一性、协调感、完整感而做出的诸多尝试之一。我们对内心协调性的渴求并不神秘，而是受生活中现实必要性的驱使——人不能被不断向两个相反方向同时驱动——也受到不断膨胀，以至于变得极大的恐惧所驱使，害怕自己内心撕裂。以一种倾向为主导，掩盖其他所有矛盾因素，是无意识中组建人格的一种尝试。这是患者为避免神经症冲突而使用的几种主要方法之一。

所以，目前我们已经发现了严控攻击性冲动的两重意义：若不如此，患者的整个生活方式就会受到威胁，其内心刻意营造的伪统一性也将灰飞烟灭。攻击性倾向的破坏性越强，就越有必要严格对其加以排斥。这个人会往后退缩，绝不显得想谋私利，绝不回绝他人，始终与人为善，始终不出风头，诸如此类。换言之，服从、讨好的倾向得到强化。这些倾向的强迫性增强了，而随意性削弱了。[1]

自然，所有这些无意识的努力并不能通过压抑冲动来阻止其自我巩固或者发挥影响。但是这些冲动确实融入了人格结构。患者会

[1] 参见本书第十二章“施虐倾向”。

以“他太可怜了”为理由提出要求，或者会以“关爱”为伪装隐蔽地支配他人。被压抑的敌意积累起来，也会有或大或小的爆发，从偶尔上火到大发雷霆都有可能。这些爆发，虽然与患者整体温和有礼的形象格格不入，但在患者自身看来却理直气壮。从患者的角度来看，他也完全正确。他不知道自己对他人的要求非分且自我，不禁时而觉得别人待他不公，让他忍无可忍。最终，等到被压抑的敌意与盲目的怒火一拍即合，各种功能性混乱便随之产生，如头痛、胃痛等。

屈从型人格的特征大部分有着双重动机。比如，若患者放低身段，那他是为了避免与他人发生摩擦，从而与人和谐相处；但同时这也是一种手段，用来抹去求胜欲的一切痕迹。他忍受别人的利用时，是在表现自己的顺从与“善良”，但也可能回避了内心剥削他人的欲望。要想克服神经症性屈从，就要以妥当的顺序将冲突两方面反复琢磨透。已出版的保守精神分析著作有时会给我们留下这样的印象：“释放攻击性”是精神分析疗法的核心。这种方法对神经症心理结构的复杂性缺乏理解，对多样性的理解更是如此。这种方法只有针对讨论的特定类型才有效，即便如此，效果也是有限的。释放攻击性倾向确实让人自由，但如果为“解放”而“解放”，那就很可能损害个人的成长。此后，要想最终构建完整的人格，就必须充分研究、解决冲突。

我们还应进而关注爱与性对屈从型人格者所发挥的作用。在他看来，爱常常是值得为之生活、为之奋斗的唯一目标。缺爱的生活索然无味，空洞无物，毫无意义。借用弗里茨·维特尔斯谈及强迫性追求[1]时所说的话，爱成了一个幽灵，让患者不顾一切地追逐。他人、风景、工作或者任何的娱乐、兴趣，若无一点恋爱的情趣为之增色，一切都会变得毫无意义。在我们的文明的条件下，这种困扰日益频繁，而且在女性身上体现得比男性更明显，以致有人认为这是女性专属的渴望。事实上，这与男女气质无关，而是一种非理性强迫驱动力、一种神经症症状。

理解了屈从型人格的结构，我们就能明白，为什么对屈从型人格者而言爱情重于一切，为什么他“疯狂之中有手段”。从他内心相互矛盾的强迫性倾向来看，实际上，这是满足他各种神经症性需求的唯一办法。它能保证既满足被喜爱的需求，又满足支配欲（以爱为手段）；既满足韬光养晦的需求，又能胜人一筹（依靠伴侣专一的敬意）。这让他能够在合理合法，甚至值得赞扬的基础上释放自己的攻击性驱动力，同时又能展现出他所具有的各种和蔼可亲的品质。此外，因为他不知道自己人格的残缺和承受的痛苦都源于内心的冲突，爱便被当成了治愈一切的万能良药。只有当他找到爱他的人后，一切才能恢复正常。显而易见，这种期望是荒谬的，但同时我们也必须理解他内心无意识但或多或少存在的逻辑。他认为：“我弱小无助。在这个充满敌意的世界里，只要我孤身一人，我的无助便是一种危险、一个威胁。但如果我找到了一个人，他爱我胜过其他一切，那么我的危险便解除了，因为他会保护我。和他在一起我就不需要捍卫自己，因为他会理解我，我无须要求或解释，他

[1] 弗里茨·维特尔斯，《神经症中无意识的幽灵》，《精神分析季刊》，1939年，卷八，第二部分。

便会满足我。实际上，我的弱势成了一种资本，因为他会爱无助的我，而我可以依赖他的实力。虽然我一点为自己做事的动力都没有，但如果是为他，哪怕是根据他的愿望为我自己做事，我也会欣然为之。”

他把思考内容重新组合成一套逻辑——这些内容有些是想通了的，有些只是一种感觉，有些则是相当无意识的内容——他认为：“对我而言，独处是一种痛苦。我无法享受没有与他人分享的任何东西，不只如此，我茫然若失，深感焦虑。周六晚上我当然可以独自去看电影或者读书，但这是种耻辱，因为这等于告诉自己没人要我。所以我要仔细安排，确保自己周六晚上绝不落单，其他时候也一样。但如果我找到了珍贵的爱人，他就会让我免受这种折磨，我将不再孤单。现在一切毫无意义，准备早餐也好，投入工作也罢，哪怕看日落也一样。但有了他，一切都有了乐趣。”

他还会认为：“我自信全无。我总觉得别人比我更有能力、更有魅力、更有天赋。我已经努力完成的事都不值一提，因为我觉得功劳不在自己。我可能是靠虚张声势，或是纯粹侥幸才做到的。我实在拿不准自己还能不能再成功。如果别人了解我，他们对我也就没什么用了。但如果我找到一个人，像我爱自己一样地爱我，把我奉为至宝，那我就是个人物了。”于是，爱情闪烁着海市蜃楼般的光彩。患者宁可死死攥住爱情不放，也不愿费尽力气由内而外地改变自己，也就不足为怪了。

性交，除了生理作用，还有一层价值：证明患者自己被需要。屈从型人格者越是有孤僻倾向，换言之，越害怕投入情感，或者他越觉得无人爱自己，性生活便越可能成为爱情的替代品。看起来，这成了通往亲密人际关系的不二法门，爱的力量被高估了，仿佛爱情能解决一切。

如果我们小心回避两个极端—— 一个是将患者对爱的过分执着视为“只是自然现象”，另一个是将其斥为“神经症”——我们就可以明白，屈从型人格者对爱的期望是其生活理念的逻辑结论。神经症现象中常常，或者说总是可以发现患者的推理，不论有无意识，看上去都完美无瑕，不过，这些都建立在错误的基础上。其荒谬之处有：他把自己对情感的需求及其相关感受当作真正去爱的能力，把自身的攻击性甚至破坏性倾向完全忘在了一边。换言之，他忘掉了整个神经症冲突。他期望的是只消灭悬而未决的冲突所导致的有害结果，却丝毫不触动冲突本身——这是每个神经症患者企图回避冲突时的典型心态，也是这些尝试注定失败的原因。然而肯定有人提出用爱逃避这一点，如果屈从型人格者有幸找到了一位伴侣，这位伴侣既强大又善良，或者伴侣的神经症正好与患者的互补，那么患者的痛苦将显著减轻，还会得到一定程度上的幸福。但通常而言，虽然他期望在这段关系里找到人间天堂，但这段关系只会把他投入悲惨世界的更深处。他很可能把自身的冲突带到这段关系里，亲手把它毁灭。最好的结果，也不过是缓解实际的沮丧情绪，内心的冲突得不到解决，他的精神成长便只能停滞不前。

【三颗钻专家伴读】

第四章

李孟潮

在这一章，霍妮描述了对抗人倾向形成的人格特征。

这一类人格障碍者，在今天被称为偏执型人格障碍、自恋型人格障碍和反社会人格障碍。

霍妮注意到，对抗者和屈从者经常相互吸引，经由投射性认同的作用紧密联结，这一点如今已经得到证实，比如自恋型人格障碍者，往往和边缘人格障碍者结为夫妻。德国治疗师勒尔写过一本书，名为《内心枷锁》，其中就讲到了这两者的互相吸引。

前面说到的讨好型人格或者说讨好综合征的人们，不少都有偏执型人格障碍的父母。这些父母的有些言行，其实是夸大妄想、被害妄想的表现，但是孩子们并不知道自己的父母精神状态不正常，就以父母夸大、扭曲的价值观来要求自己无所不能、无比可爱。有一本讲述偏执型人格障碍者的书叫《偏执狂：疯子创造历史》，或可参考。

我们可以看到，很多历史人物或许都有偏执型人格障碍，比如希特勒，他甚至很有可能是以上三种人格障碍合一的典型代表。同样，不少企业家也可能有偏执型人格，但他们的故事却让我们理解到，原来有些所谓的心理病态，比如"偏执＋自恋＋反社会"，却是这个社会中一些人翻身和崛起的动力。

影视剧对偏执型人格障碍多有描写，比如电影《教父》中的教父，就是典型的这种三合一人格障碍者。还有一部比较轻松的喜剧，叫作《老大靠边闪》，讲述了一个讽刺的故事：一个黑社会头领去做心理治疗，心理医生治好了他，结果他反而丧失了“生存能力”。

第四章
对抗人

为了讨论基本冲突的第二个方面——“对抗人”的倾向，我们会像之前一样，仔细观察攻击性倾向在内心占主导的那一类人。

就像屈从型人格者坚信他人都会“以礼待人”，又总为相反的证据所困惑，攻击型人格者想当然地认为每个人都心怀敌意，并拒绝承认事实并非如此。在他看来，生活就是所有人相互斗争，笑到最后的都是最邪恶的人。偶尔，他会勉强承认一些例外，但还是有所保留。他的态度有时很明显，但是更多的时候则隐藏在礼数周全、立场公正、配合积极的面具下。这一“面具”代表着一种马基雅维利式的权宜之计。然而，其规律是，这一表现中有矫揉造作的成分，有真情实感的成分，还有神经症性需求的成分。他试图让别人相信自己是个好人，只要没人质疑他有权发号施令，那这种欲望里便可能有真诚的善意。其中可能有对情感和赞许的神经症性需求，服务于攻击性目标。对屈从型人格者而言，他不需要这种“面具”，反正他的价值观都与社会或基督教认可的价值观吻合。

要认识到攻击型人格的需求与屈从型人格的需求一样具有强迫性，我们必须明白两者的需求都是由基本焦虑引发的。我们必须强调这一点，因为恐惧的成分在后者中显而易见，而我们现在讨论的这种人却从不承认或者表现出恐惧。在他内心，一切都被调动起来，以图保持强硬、变得强硬，或者至少表现得强硬。

他的需求源自他的这种感受：整个世界就是斗兽场，以达尔文主义理解，强者消灭弱者，适者生存。什么最有利于生存，很大程度上取决于这个人所处的文明。但是任何例子里，最高法则都是冷酷地追逐自身的利益。因此，他的首要需求就是控制他人。控制他人的手段千变万化，数不胜数，可以光明正大地运用权力，也可以刻意关心，施惠于人，并暗中操纵。有的人可能更喜欢做幕后黑手，操纵时他可能主要靠头脑，这意味着他相信有推理或远见，便可掌控一切。他特有的控制形式部分取决于他的天赋。一定程度上，其手段代表着他内心各种冲突倾向的结合体。例如，如果他还倾向于疏远人，那他就会尽量避免直接支配他人，因为这会让他与别人联系过于紧密；如果他内心还潜藏着对情感的需求，那他也会更喜欢间接手段；如果他希望在幕后操纵，这就意味着他有施虐倾向，因为这意味着利用他人实现自己的目标。[1]

自然，他还渴望出人头地、获得成功、享有特权，或者获得任何形式的认可。这方面的努力，一定程度上是为了追求权力，因为

---

[1] 参见本书第十二章“施虐倾向”。

在一个充满竞争的社会中，成功和特权都能带来权力。此外，这些努力依靠外部肯定、他人赞美，以及高高在上的实际地位，还让他主观上感觉自己实力强大。这时，他就像屈从型人格者一样，关注的重点在自身之外，唯一的区别在于渴望从外界获得的肯定不同。事实上，这两种肯定都一样徒劳无功。有时人们会困惑，为什么成功并没有减少他们的不安，这时，他们不仅表现出对心理学的无知，更显示出在庸人眼里，成功和特权是何等重要。

这种人的内心，利用他人、以智取胜、为己所用的需求往往非常强烈。看待任何局面或者关系，他的出发点都是“这对我有什么好处？”——是否与财富、特权、圈子或思想搭得上边。他有意识或者半有意识地确信人人都如此行事，所以关键在于如何比别人更高效。这种人养成的品格几乎与屈从型人格者的截然相反。他强硬、难缠，或者故作此态。他认为自己或他人的一切情感都是“矫情”。对他而言，爱无足轻重。不是说他从不恋爱，也并非从无情事，或永不结婚，但是这种人的首要考虑是自己的伴侣要值得攀附，伴侣的个人魅力、社会特权或者财富，足以助自己一臂之力。他觉得自己完全不必体贴别人：“我管他们干什么，让他们管好自己。”有个古老的道德困境故事是这样的：筏子上有两个人，只有一个能活下来。面对这种问题，这类人会说他理所当然要保证自己毫发无伤，否则便是既愚蠢又虚伪。他厌恶承认自己有任何的恐惧，并且会采取极端的手段加以控制。例如：即使害怕入室的窃贼，他也会强迫自己待在空荡荡的屋子里；他会硬撑着骑马，直到自己克服了对马的恐惧；他会故意穿过明知有蛇的沼泽，逼着自己不再怕蛇。

屈从型人格者惯于讨好，而攻击型人格者则全力以赴要做个优秀的斗士。在争执中他投入而警惕，大费周章地挑起争斗，以证明自己是正确的。若是他被逼到墙角，一场争斗在所难免，那他可能就进入了最佳状态。与屈从型人格者害怕获胜相反，攻击型人格者害怕失败，无可否认地渴望胜利。他时刻准备着指责他人，就像屈从型人格者随时准备着自责一样。两种人格都毫不思考过错的责任到底在何处。屈从型人格者认错时，认为自己其实没有错，只是受内心驱使去讨好别人而已。与此相似，攻击型的人也觉得对方未必有错，他只是强调自己是对的，因为他需要这种自我认可的立场，就像军队需要有安全的立足点才能发起进攻一样。在他看来，若非形势所迫别无选择，那么认错就是暴露弱点、不可宽恕，甚至显得自己是个彻头彻尾的大傻瓜。

与其“对抗心怀恶意的全世界”的心态相一致，这类人心中形成了一种强烈的现实主义倾向，即他们认定的那种“现实主义”。他绝不会天真到忽视他人表露出的志向、贪婪、无知或是任何可能阻碍他达到目的的迹象。在竞争性的文明中，这些特质比真诚的谦逊常见得多，因此他觉得自己可以理直气壮地以现实主义者自居。实际上，他当然也只是片面的，就像屈从型人格一样。他的现实主义的另一面便是强调计划和远见。就像任何优秀的战略家一样，他时刻仔细掂量自己的胜算，计算对手的实力，防备可能的陷阱。

受内心驱动，这类人总在捍卫自己最强大、最精明、最受人追捧的形象，所以他努力提高效率、增长才智，这对他树立上述自我形象必不可少。他把热情和才智投入工作中，这可能让他成为受人尊敬的员工，或者让他自己的创业取得成功。他给人留下对工作专心致志的印象，但一定意义上说，这一印象会误导人，因为对他而言，工作只是实现目标的一种手段。他不爱所做之事，实际上也从中得不到乐趣——这与其从生活中排除情感的努力相一致。扼杀一切感受是一把“双刃剑”。一方面，从追求成功的角度看，这毫无疑问颇有裨益：他能像上了油的机器一样运作，不知疲倦地产出劳动成果，使之带给他权力和地位。而他的感受很可能会妨碍他。可以想象，这些感受会引导他选择一系列工作，这些工作不再那么依赖抓住机遇来获利；他可能会避免使用以前让他获得成功的惯用手段；可能会放松手头的工作，转而享受自然或艺术之美，或者不再只结交对他有用之人，而是更多地和朋友们在一起。另一方面，他压抑自己的感受，导致情感匮乏，这多少会影响到他的工作质量，必然使其缺乏创造力。

攻击型人格者看起来像一个精细而肆无忌惮的人。他强调自己的意愿，发号施令，怒形于色，强词夺理。但实际上他内心的条条框框一点不比屈从型人格者少。他特有的禁忌并不会当即为人所知，这很大程度上与文明无关。这些禁忌主要在情感领域，影响着他在交友、恋爱、产生喜爱之情、换位思考、应付不感兴趣的娱乐等方面的能力，他认定最后一种纯属浪费时间。

他自认为强大、诚实而且现实，从他的角度看，这些都对。根据他自己的标准，他的自我评价非常严谨，因为在他看来无情便是强大，不照顾他人感受便是诚实，冷酷地追逐自己的目标便是现实。他对诚实的态度部分源于他精明地揭穿了当代人的虚伪面目，事业心、慈悲心等诸如此类在他看来都是惺惺作态，对他而言，要想揭露社会意识通常的真实面目，也并非难事。他的价值体系是围绕着丛林法则建立的，强权即真理。至于人道主义、慈悲心，少来这套。而“人都是狼”（Homo homini lupus.）这样的价值观，与我们熟知的纳粹思想没有太大区别。

在攻击性倾向中有这样的主观逻辑，既拒绝真正的同情和友善，也拒绝虚情假意的好感，如屈从和讨好。然而，要说这种人分不清这两种情感，那就错了。如果遇到一个实力强劲而又真诚友善的人，他完全能够发现并尊重这个人。关键在于，他认为在这方面分得太清不符合自己的利益。在求生存的战斗中，两种态度在他看来都是缺陷。

然而，为何他拒绝人间的柔情而选择这种暴力呢？为何他看到别人含情脉脉的举动便会觉得恶心？为何他嗤之以鼻，只因别人表示同情时他觉得不合时宜？他的举止就像一个人从自家门口赶走乞丐，理由是乞丐让他心碎。他确实会对乞丐咄咄逼人，他会以极为夸张的脾气拒绝最微不足道的请求。这是他的典型反应，在分析中，随着他的攻击性变得更为活跃，这种反应便十分常见。实际上，他对别人的“柔情”五味杂陈。诚然，他鄙视别人的这种态度，但他也欢迎这种态度，因为这让他能更自在地追求自己的目标。否则为何他又常常觉得被屈从型人格的人吸引，就像屈从型人格的人也常被他吸引一样？他反应极端的原因就在于他需要与自己内心的柔情做斗争。尼采很好地解释了这种动力，他说他的超人会将任何形式的同情视为第五纵队，即堡垒内部的敌人。对这类人而言，“柔情”不只意味着真情实感、怜悯等，还意味着屈从型人格者的需求、感受以及标准中暗示的一切。例如，在乞丐的例子中，他可能是真的起了恻隐之心，想要按照请求去做，有一种应该助人为乐的感觉。但他更大的需求是推开这一切，于是他不但拒绝了请求，还会辱骂乞丐。

要将背道而驰的驱动力整合起来，屈从型人格者寄希望于爱，而攻击型人格者则寻求认同。得到认同不但意味着他自己能得到肯定，而且更诱人的是别人就会喜欢他，他也就能反过来喜欢别人。得到认同看起来能够解决他内心的冲突，于是这就成了他死命想抓住的救命稻草。

这类人的挣扎在内在逻辑原则上与屈从型人格所表现出来的类似，因此，只要简单指出即可。对攻击型人格者而言，任何同情之感、善待之责、屈从之心，都与他已经建立的整个生活结构格格不入，会动摇他人生的基石。更重要的是，随着这些对立倾向浮出水面，他将不得不面对自己的基本冲突，从而毁掉他精心构建的框架——统一的整体。结果，对温和倾向的压抑巩固了攻击性倾向，使后者更具强迫性。

如果已经讨论过的两种人格现在已经给我们留下了栩栩如生的印象，我们就会发现他们代表着两个极端——甲之蜜糖，乙之砒霜。一个想讨所有人的喜欢，另一个把所有人都当作潜在的敌人。一个不惜代价地避免冲突，另一个则将斗争视为天性。一个抓住恐惧和无助不放，另一个则想将二者逐出门外。一个不管神经症症状多严重，都追求人道理想；另一个则崇拜丛林法则。但无论如何，这两种类型都不是患者自由选择的；相反，它们都具有强迫性，缺乏灵活性，取决于内心需求。两者之间没有妥协的余地。

现在我们已经准备好进入各种人格类型介绍的下一步工作，我们之前的讨论也正是为此而展开的。我们探索了基本冲突涉及的内容，并看到了它在两种类型中作为主导性倾向的两个侧面。现在我们的工作就是描绘出一个人的内心，在他心中这两套截然相反的心态和价值观体系同时起作用。被两个截然相反的驱动力驱使着的人是否还能正常行动，难道这一点还不清楚吗？事实就是他的内心会分裂，任何力量都再难让他有所行动。正是这个人为消灭其中一种心态所作的努力，让他成为我们讨论过的两类人之一，这是他努力避免冲突的一种尝试。

在这种情况下，荣格关于片面性发展的说法就显得完全不妥，那最多只是形式上正确的说法。但既然这是建立在对驱动力的误解上，那么其含义也就错了。荣格从片面性出发，接着说在治疗过程中患者必须接受帮助，去接纳自己的对立面，那我们要问：怎么可能呢？患者无法接受，只能认知。如果荣格指望以此让患者具有完整的人格，我们的回答是：对于最终的整合而言，这一步当然很有必要，但就其本身而言，它只意味着直面自己以往一直回避的冲突。荣格未能准确评价的是神经症性倾向的强迫性本质。在亲近人与对抗人之间，其区别不是简单的弱与强——或者，如荣格所言，女性气质与男性气质。我们都有屈从与攻击的潜力。如果一个人不被强迫驱使，而又足够努力，那么他能够实现一定程度的整合。如果两种模式都是神经症性的，那就都对我们的成长有害。两种不利因素组合起来，并不能构成一个有利的整体，两个水火不相容的因素也无法构成一个和谐的个体。

【三颗钻专家伴读】
第五章

李孟潮

在这一章，霍妮描述了疏远人倾向形成的人格特征。这一类人在今天被归类为回避型人格障碍与分裂样人格障碍。

回避型人格障碍，有时候还包括社交恐惧症，现在的年轻人经常说自己“社恐”，有些治疗师以为这是年轻人夸大了，但实际上，有社交恐惧症和回避型人格的人确实越来越多了，这点可参考冈田尊司写的《回避型人类》这本书，书中提到回避型依恋已经成为社会主流。日后，回避型人格障碍这个诊断名称可能也要被取消，就像同性恋不再被视为心理障碍一样。

而分裂样人格障碍，表面上看起来和回避型人格障碍一样，都是离群索居，不与人交往。但是回避者内心对人、对社会是有比较强烈的恐惧、焦虑情绪的，而分裂样的人却情感冷淡。关于分裂样人格障碍的论述可以参考《分裂的自我》一书，它的作者R. D. 莱恩，既是分裂样人格患者，又是天才的精神科医生，这本书也是较早的一部细致描述分裂者内心的书籍。

无论是回避者还是分裂者，他们可能都具有内倾或者内向这种气质，气质是天生自带的，而性格则是在气质的基础上，逐渐发展而来的。气质一般来说很难改变，也没有必要改变，但性格是可以改变的。

因此，一个回避型人格障碍者在被治疗后，七条诊断标准他本来符合其中四条的，现在只符合两条，那么我们就不能诊断他为回避型人格障碍，最多说这个人是回避型人格倾向，这时候就不再做心理治疗，而变成心理咨询，再分析两三年，他这两条残余的症状都没有了，就变成了正常人格。

那么，他会不会就变成一个外向开朗的人呢？不会的。他仍然会保持内向抑郁的气质，成为南京西路忙碌人群中的一个内向路人。

有趣的是，很多治疗师自己的气质是外向的，在心理治疗中难以理解内向者，而会以为内向者就是病态的，阿德勒、霍妮都有这种倾向——但荣格等人倒是比较内向的。

在本章的最后一部分，霍妮还专门讨论了东方哲学中“神圣的孤独”。这是因为霍妮是禅宗的忠实粉丝，霍妮后期所说的“真我”很多时候联系上了禅宗说的“佛性”“空性”。这也和弗洛伊德有所不同，弗洛伊德的著作《一个幻觉的未来》中，是比较反对“宗教”的。当然弗洛伊德所说的“宗教”，大多数时候是指犹太教和基督教，以人格神崇拜为主，自我修炼和自我解脱的含义不深。东方宗教则不同，佛教、道教、印度教等，都是把自我修炼和自我解脱作为核心内容。

第五章
疏远人

基本冲突的第三个方面是对疏远的需求，即“疏离”他人。仔细观察以此为主导性倾向的那一类人之前，我们必须理解神经症性孤僻的意义。这当然不只是偶尔寻求独处，每个自爱自重的人都不时会想一个人待一会儿。我们的文明让我们太过关注身外之物，对这种需求的理解太少，但是这种独处有助于个人成功，古往今来诸多哲学、宗教思想都强调了这一点。渴求有意义的独处绝非神经症；相反，大多数神经症患者不敢正视自己的灵魂深处，而无法享受有建设性的独处，这本身就是神经症的征兆。只有人际关系中存在难以忍受的压力，且独处成为逃避这一压力的首选时，独处的愿望才是神经症性孤僻的迹象。

极度孤僻者行为怪诞，其中一些怪诞之处简直是其招牌动作，因此精神病医生倾向于认为这些怪诞之处就能完全代表孤僻型人格。其中最明显的是，对人的普遍疏远。这一点之所以引起我们的注意，是因为极度孤僻者特别强调这一点，但实际上他并不比其他神经症患者更疏远人。例如，就我们已经讨论过的两种人格类型而言，我们无法概括地说哪一种更疏远人。我们只能说这种特征在屈从型人格者心中被掩盖了，发现这一点时，他既惊且惧，因为他对亲密感的强烈需求让他迫切地相信自己与他人亲密无间。毕竟，疏远人只是表明人际关系受到干扰，但这一点是所有神经症病例的共性。与人疏远的程度，更多取决于干扰的程度而非神经症的具体形式。

另一个常被认为是孤僻型人格者独有的特点是疏远自己，即对情感体验麻木不仁，不清楚自己是个什么样的人，喜欢什么，厌恶什么，渴望什么，希望什么，害怕什么，憎恨什么或相信什么。这种自我疏远同样是所有神经症患者所共有的。任何一个患有神经症的人都像一架远去的遥控飞机，必然与自身失去联系。孤僻的人颇像海地传说中的僵尸——因巫术而起死回生：他们能像活人一样工作、生活，但却没有生命。而其他类型的人，情感生活则相对丰富。因为有这种差异，我们不能认为自我疏离是孤僻型人格者所独有的。所有孤僻型人格者共有的特征则与此明显不同，那就是他们带着某种客观的兴趣观察自己的能力，就像观赏一件艺术品。或许，对此最好的描述就是，他们看待自己、看待整体人生时，都秉持着一种“旁观者”的态度，因此，他们常常会是自己内心活动的优秀观察者。其中一个突出的例子便是他们常常展现出对梦境中种种象征的惊人理解力。

他们内心与他人保持情感距离的需求是一切的关键。更准确地说，他们有意识或无意识地决定不在情感上与他人有任何牵绊，不论是在爱情中、争吵中、合作中还是在竞争中，都是如此。他们在自己周围画了某种魔法圈，没人能够跨越，这就是他们表面上看起来能与人相处的原因。这种需求的强迫性表现在有人侵入时，他们的焦虑反应上。

他们养成的所有需求和品格都以“超脱”这一主要需求为中心，最引人注目的是他们自给自足的需求，对此最积极的形容是足智多谋。攻击型人格者同样足智多谋，但其精神却不同：对攻击型人格者而言，足智多谋是在这充满敌意的世界里杀出一条血路，在争斗中战胜一切敌人的前提。在孤僻型人格者内心，这种精神则像鲁滨孙·克鲁索那样：要想活命，就得足智多谋。这是他补偿孤立的唯一方式。

保持自给自足的另一个更危险的方式是有意识或无意识地限制自己的需求。要想更好地理解这方面的各种心理活动，我们要记住，这里深层次的原则就是不要太依附于人、依赖于物，以防人或物变得不可或缺——这会危及他的清高。一无所有倒是更好，这很重要。例如，一个孤僻型人格者可能能够真正享乐，但如果享乐在任何方面有赖于人，那他就宁可放弃。某个傍晚，他可以与三五好友共享快乐时光，但反感混迹人群，广泛社交。同样，他回避竞争、特权和成功。他倾向于限制自己的饮食起居，保证不必为此花费太多时间或精力去挣钱。他可能会痛恨疾病，认为这是耻辱，因为疾病迫使他有求于人。他可能会坚持凡事自己亲自了解。举例来说，他不相信他人所说所写的俄罗斯，或者说，只有他身居异国，自己亲眼所见、亲耳所闻才会相信关于所在国家的种种。这种态度会培养出杰出的独立精神，前提是不要走向荒谬的极端，例如在陌生的城镇拒绝问路等。

孤僻型人格者另一个突出的需求是对隐私的需求。他就像宾馆里的一个旅客，常常在门上挂着“请勿打扰”的提示牌。就算是书都有可能被视为入侵者，即来自外部的东西。关于他个人生活的任何问题都会让他震惊，他习惯于将自己隐藏在神秘的面纱之后。有个患者曾告诉我，说他在四十五岁时仍然憎恶上帝无所不知这种想法，因为母亲告诉他上帝能透过百叶窗看到他咬自己的手指甲。这位患者就算对自己生活中最细枝末节的事，也总是闭口不提。一个孤僻的人很可能因为别人“想当然”地误会他而大发雷霆——这让他感到自己被践踏了。他的规矩是独自工作、睡觉、用餐。与屈从型人格者截然相反的是，这种人不喜欢共同体验——旁人会打扰到他。即使他听音乐、走路或者与人交谈，真正的快乐也只在事后回忆时才能体会到。

自给自足和私密空间都服务于他最主要的需求，即对彻底独立的需求。他自认为独立是一件好事。毫无疑问这确实有某种价值。因为不论有再多不便，孤僻型人格者也绝非唯命是从的机器人。他拒绝盲目迎合，又对竞争保持超脱，某种意义上，这让他成为道德完人。但这里的谬误在于，他将独立视为最终目的，而忽略了这一事实：独立的价值最终取决于他独立地去做什么。他的独立，就像孤僻现象整体，独立是其中一部分，实际指向消极方面，其目的在于不受影响、不被强迫、不受牵绊、不欠人情。

和其他任何一种神经症性倾向一样，孤僻型人格者对独立的需求普遍具有强迫性。对任何带有丝毫强迫、影响、责任等此类色彩的事物，这种倾向都表现得极为敏感。敏感程度是孤僻程度很好的调节阀。什么让人觉得被束缚，这因人而异。领口、领带、腰带、鞋子等造成的物理压力可能导致这种感觉；视野被遮挡可能引发被包围的感觉；身处地道或矿井中可能引发焦虑。这方面的敏感性并不能完全解释幽闭恐惧症的病因，但至少是这一心理疾病的背景。如有可能，患者会尽量避免承担长期责任：签合同、签订超过一年的租赁协议以及结婚就难上加难了。对孤僻型人格者而言，在任何情况下，婚姻涉及人与人的亲密关系，因此，即使寻求保护的需要和“伴侣与乖僻的我很般配”这样的想法可以减少其中的风险，他们也会理所当然地认为这是不靠谱的。完婚之前，他们常常会开始恐惧。时光流逝，无法回头，因此这往往被视为一种束缚。上班常常迟到，就五分钟，追根溯源，这种习惯往往是保持自由的幻象。时刻表是种威胁；孤僻型患者喜欢这样的故事：一个人不看时刻表，正好有时间就去了车站，宁可在那里等下一班火车。其他人指望他去做什么事，或者要他言行举止应当如何时，他就会不安，生出叛逆之心，不管实际上这样的期待是真的存在还是他主观臆想出来的。例如，某人平时常爱送一些礼物，但到别人生日和圣诞节却会忘掉，因为这些是别人对他的期待。遵守公认的行为规范或者传统价值体系让他反感，所以他阳奉阴违，表面上服从以避免摩擦，但心里坚持拒绝一切常规规范和标准。最终，即使是建议也被当作发号施令，即使与其本人意愿一致，也会遭到抵制。在这种情形里，抵制行为还可能与有意识或无意识地想挫败他人的意愿有关。

对优越感的需求，虽然常见于所有神经症，但必须在这里加以强调，因为其本质上与孤僻有关。“象牙塔”和“独善其身”这样的表述证明，即使是在日常用语中，孤立与高贵也总是高度相关。除非有人真的实力超群、神通广大，或者自我感觉举足轻重、独一无二，否则很可能没人能够忍受孤独，这已被临床实践所证实。如果孤僻者内心的优越感暂时被打破了，不论是因为具体某个失败还是日益激化的内心冲突，患者都会因无法忍受孤独而疯狂向他人索取情感，寻求保护。这种摇摆不定的态度常见于其人生经历中。他十几岁到二十岁出头的这段时间，可能有过几段淡淡的友谊，但总体上过着颇为闭塞的生活，感觉生活相对容易。他会编织对未来的幻想，到那时他会做成几件大事。但随后，这些梦想在现实的礁滩上搁浅了。虽然在高中时他的成绩稳居第一，但在大学里，他身处激烈的竞争中，名次会有所退步。可能他会与初恋分手，或者意识到随着自己不断长大，梦想越来越缥缈了。于是清高的他已经难以忍受，便转而在强迫性驱动力的驱使下，寻求亲密的人际关系、性关系以及婚姻。只要得到爱情，他愿意承受任何耻辱。这样的人寻求精神分析治疗时，虽然他的孤僻显而易见，但却无法克服。他首先要做的是在别人的帮助下找到某种形式的爱，只有他觉得自己明显强大起来时，他才能充分放松下来，发现自己宁愿“独自享受生活”。这给人的印象是，他只是回到了以前孤僻的老路上。但实际上，这时候他才开始站稳脚跟，有勇气承认——包括对自己承认——他想要独处。这才是处理其孤僻倾向的时机。

孤僻型人格者对优越感的需求具有一些具体特征。他们厌恶竞争，不想通过坚持不懈的努力真的做到胜人一筹。他认为自己身价千金，所以应该无须努力就能得到他人的认可。他怀才不遇，自身的伟大之处应该无须自己表现即为他人所知。例如在梦中，他会梦见在某个遥远的村落发现了大量埋藏的财宝，鉴赏家们不远千里赶来欣赏。和优越感的各种概念一样，这一梦境中包含着现实元素：埋藏的财富象征着他的才智与情感，他把它们放在魔法圈里小心守护。

孤僻型人格者优越感的另一种表现方式是自我感觉独一无二，其产生的直接原因在于患者渴求能够自我感觉卓尔不群。他会把自己比作一棵树，独自站在山顶，而森林里的众多树木则彼此争夺养分，却都长不高。屈从型人格者看着身边一个人，心里问道："他会喜欢我吗？"而攻击型人格者则想知道："这个对手有多强？"或者"他对我有什么好处？"。孤僻型人格者的首要考虑则是："他会不会干涉我？他是想影响我还是让我自己处理？"。易卜生故事中培尔·金特与纽扣铸造者相遇的场景，绝佳地象征了孤僻型人格者走入人群之后的恐惧。自己在地狱里的房间也是好的，但被扔进熔炉，铸造或改装成别的模样的念头太可怕了。他觉得自己就像一条稀有的东方毛毯，花样色彩独具一格，永远不可替代。他尤其骄傲的是，他身处这种环境，出淤泥而不染，并决心保持下去。在坚定不移做自己的过程中，他将所有神经症患者共有的思维僵化现象美化为神圣原则的尊严。他有意，甚至迫切希望详细解释自己的模式，使之更纯洁、更清晰，因此他坚持拒绝任何外来因素的影响。培尔·金特有句简单而荒谬的座右铭："永远做自己。"

孤僻型人格者的情感生活不像已描述的其他人格类型者那样刻板。他们因人而异的情况更为突出，因为另外两种的主导性倾向会积极地追求特定目标——一种追求情感、亲密关系与爱；另一种追求生存、支配与成功——而与这两种形成对比的是，孤僻型人格者追求的目标是消极的。他们不想被牵连，不需要任何人，不允许他人介入或影响自己的事。因此其情感生活取决于在其消极抗拒的框架里能够存活下去、发展起来的特定欲望，并且只有有限的与孤僻型人格本质相通的倾向能够发展成形。

这种人格中，普遍存在压抑一切感受，甚至否认这些感受存在的倾向。诗人安娜·玛利亚·阿尔米的一本未曾出版的小说里有一段话，因为这段话凝练地表现出了孤僻型人格者的这种倾向，以及他们其他的典型心态，所以我想在此引用。男主角追忆青春时光，说道："我能看到血缘关系（就像我和我父亲之间的）明显存在，也能看到强劲的精神纽带（就像我和我的英雄之间的），但是我不知道这里面的感情从何而来、如何而来。感情其实根本不存在，这事儿别人都撒谎了，就像撒其他谎一样。B惊呆了，'那你怎么解释牺牲呢？'她问道。我被她评论中所举的事实说得一愣，随后我确信，所谓牺牲不过是另一个谎言，即使是真的，也不过是一个出于血缘或精神关系的举动。当时，我梦想一个人生活，永不结婚，内心强大而平静，无须夸夸其谈，无须求人帮忙。我想独自工作，越来越自由，忘掉梦想，让自己看得更清楚、活得更明白。我觉得道德空洞无物，只要自己绝对正确，道德的好坏评价无关紧要。指望别人的同情和帮忙才是最大的罪恶。在我看来，灵魂是必须守卫的神庙，庙里总在举行怪异的仪式，只有祭司们和守卫们才知道。”

拒绝情感的态度，首先关系到对他人的感觉，且对爱和恨都适用。这是与他人保持情感距离的需求会导致的必然结果，因为一个人有意识地体验了强烈的爱和恨，必然要在亲近他人或抵触他人之间二选一。H. S. 沙利文所称的“距离机制”，正适用于此。这并不必然意味着人际关系领域以外的情感也会被压抑，不能转而活跃于阅读、动物、自然、艺术、饮食等领域，但是这种风险很大。一个人，如果拥有深沉而强烈的情感，那么他不太可能只压抑自己某一方面——最关键的那方面的情感，而不殃及其他所有感情。这只是单纯推测，但以下所述显然是真的。孤僻型人格的艺术家，如果在其高产期间已经表明他们既能深刻感悟，又能充分表达，那他们往往在青春期有这样的经历：或是情感上麻木不仁，或是激烈抗拒一切情感——如之前引用的那段。建立紧密人际关系的尝试以失败告终，随后他们或经盘算，或自发地选择孤僻的生活，这时，也就是他们有意识或无意识地决心与他人保持距离，或选择归隐、离群索居的时候，他们的高产期似乎就快来了。现在，与他人保持了安全距离后，他们便能释放并表达出大量与人际关系并非直接相关的情感，这证明先前拒绝一切情感是他们疏远他人的必要步骤。

情感的压抑之所以会波及人际关系以外的方面，还有一个原因，我们在探讨自给自足时已经提到了这一点。任何欲求、兴趣或者享受，只要会让孤僻者依赖他人，便会被他视为背叛自己内心的行为，因而被扼杀。这就好比在允许情感喷涌而出之前，每次他都要小心分析情况，确保自由不受丝毫损伤。任何依赖他人的可能都是威胁，会让他收紧情感的缰绳。但是如果他发现这方面处境十分“安全”，就会充分享受情感。梭罗的《瓦尔登湖》便很好地展现了这种条件下可能体验到的深沉情感。害怕太过迷恋某种快感，也怕情感有损个人自由，患者对这两种情况的隐忧间接使其近乎禁欲。但这种禁欲主义自成一派，并不追求自我克制或者自我折磨。我们称之为自我约束或许更好，活在各种条条框框里，却并不缺少智慧。

必须有一些领域能够直接体验情感，这一点对心理平衡有重要影响。以创造力为例，它可以完成某种救赎。如果创造力本来被禁止表现出来，随后借助分析或其他经历而得到释放，那么这对孤僻型人格者的益处将不可估量，就像一帖神药治愈了心病。评估疗效时要保持谨慎。首先不应将这一情况视为常态：对一个孤僻型人格者而言的救赎，并不必然对其他人有同样意义。[1]即使对这位患者自己而言，以神经症性基础因素显著改观为标准判断，严格意义上也称不上是“治愈”。它只是让患者生活得更加满意，更少受干扰。

情绪越被遏制，患者就越可能会强调智力的作用。于是他便期望，仅靠推理的能力便能解决所有事，就好比知道了自己面对的问题便足以解决之。或者说，就好像仅靠推理就能解决世间一切麻烦一样！

关于孤僻型人格者的人际关系，纵观已做的介绍，我们可以清

[1] 参见丹尼尔·施耐德，《神经症模式的运动：其对创造力与性力量的扭曲》，1943年5月26日在医学院前朗读的论文。

楚地看到，任何长期的亲密关系都会危及其偏安一隅的处境，因而可能成为祸害，除非其伴侣同样孤僻，因而出于自身原因尊重这种对距离的需求，或者至少出于其他原因，他能够适应这种需求。一个叫索尔维格的姑娘，全心全意爱着培尔·金特，耐心等着培尔回来，她就是个理想的伴侣。索尔维格对培尔一无所求。如果索尔维格对他有所期许就会吓到他，就像他自己在情感上失去自制也会吓到他一样。大多数情况下，培尔并不知道自己付出得太少，相反，他相信自己为对方付出了未曾表达，也了无生气的情感，这份情感他敝帚自珍。如果能够充分保证情感距离，他或许能长期保持忠诚。他或许能够维持激越而短暂的关系，在这段关系里，他轻轻地走开，正如他轻轻地来。这种关系很脆弱，任何因素都可能促使他从中抽身。

性关系对他而言可能是联结他人的桥梁。一方面，如果这种关系速战速决，不影响他的个人生活，他就会觉得这种关系是种享受。风花雪月中，这些关系要另当别论，事实也是如此。另一方面，他多年形成的冷漠已经发展到不许越雷池一步。于是，现实的关系便被完全虚构的关系取代了。

上述这些性格怪异之处，在分析过程中都会出现。自然，孤僻型人格者厌恶精神分析，因为事实上这可能是对他个人生活的最大干预。但他又对自我观察很感兴趣，并可能会痴迷于自我观察所开阔的眼界，这让他可以观察到微妙的内心活动过程。吸引他的，或是梦境的艺术气质，或是恰当的偶然联想。他寻求证实自己的假设，并以此为乐，这与科学家相似。他欣赏精神分析医生的专注及其指点，但是痛恨被敦促，或者说被“强迫”沿着自己未曾预见的方向前进。他常常会在分析过程中指出所提建议带来的危险，即使实际上就其情况而言，这种危险少于其他任何类型的人，因为他高度戒备，拒绝任何“影响”。他远不会理性地通过实践检验精神分析医生的建议来维护自己的立场，相反，他往往依然故我，盲目断然拒绝一切不符合其自我认知和总体人生观的观点，当然在方法上会委婉而不失礼貌。一旦精神分析医生要他有所改变，他便极为反感。当然，他确实想摆脱一切困扰，但前提是任何改变绝不能触及人格。他对自我观察兴趣之持久，一如其顽固不化的决心之坚定。他蔑视一切影响，这只是对其心态的解释之一，而且并非最深刻的解释，以后我们会了解到更多。自然，他会与精神分析医生保持极大的心理距离。很长时间里，精神分析医生只是作为一个声音而存在。在梦里，心理分析的场景会表现为两个记者之间的洲际长途电话。乍一看，这种梦境表现了他与精神分析医生及其分析工作有着巨大的心理距离，但这只是准确表现出了意识层面的态度。梦境不只是描述现有的感受，更是寻求解决的方法，所以这种梦境更深层次的意义是希望始终远离精神分析医生以及整个分析过程，不让分析活动触及他一丝一毫。

当患者的孤立状态遭遇攻击，患者就会以极大的精力维护，这是在分析活动内外可以观察到的最后一个特征。当然，可以说，每个神经症患者都会维护自己的立场。但对孤僻型患者而言，这种斗争看起来更为关键，几乎生死攸关，所以他会不遗余力地投入其中。实际上，早在其孤立状态受到攻击之前，这场战役就已经以暗中破坏的方式开始了。其中一步，便是让精神分析医生出局。如果精神分析医生尝试说服患者，让他相信他们之间存在某种关系，且患者正在思考这方面的事情，那么患者会以礼貌而严谨的理由加以否认。最好的情况是，患者会说出他对精神分析医生曾经的一些想法。如果患者立即出现了某种情绪反应，他自己也不会深究。此外，对有关人际关系的任何分析，他往往都会有一种根深蒂固的抵触。患者对自己与他人的关系总是含糊其词，所以精神分析医生很难对此有清晰的了解。这种抵触可以理解，他始终与别人保持安全距离，讨论这些话题只会徒增困扰。精神分析医生继续反复尝试，则有可能遭到公开质疑。精神分析医生是想让患者变得合群吗？（对患者而言，这是比蔑视更大的侮辱。）此后，如果精神分析医生准确指出孤僻的一些具体缺陷，患者就会变得吃惊、易怒。此刻他会想退出分析，分析之外，他的反应则更为激烈。这些平时沉默理性的人，如果他们的清高和独立性受到威胁，便会气得一动不动，或者对医生横加侮辱。如果患者参加某个活动或专业组织时，需要付出合理价格以外的更多东西，那么想到此事，患者便会不由自主地感到恐惧。如果他们真正参与其中了，就会横冲直撞，试图从中抽身。他们逃生的专业水平之高，足以令遭遇致命攻击的人都相形见绌。若爱与独立不可兼得——有患者的确曾这么认为——他们会毫不犹豫地选择保持独立。这就引出了另一点：他们不但愿意不择手段地捍卫自身的孤立状态，而且觉得为此做出再大的牺牲也值得。外在优势也好，内在价值也罢，他们都可以放弃，或是有意识地让一切影响独立的欲望靠边站，或是在无意识中自发地加以遏制。

一个人若是如此努力地捍卫某种东西，那他一定是觉得这件东西的价值高于一切。只有明白了这一点，我们才有望理解孤僻的作用，并最终增进疗效。如前文所述，对待他人的每一种基本心态都有其积极意义。亲近人时，这个人尝试与他的世界建立起友好的关系；对抗人时，这个人武装自己，准备在这个充满竞争的世界中求生；疏远人时，这个人希望获得某种完整的自我和内心的宁静。事实上，这三种心态，不但都值得拥有，而且对我们长大成人而言都是必要的。只有当它们在神经症结构中发挥作用时，它们才会变得具有强迫性，变得僵硬、盲目、互不相容。这明显减损了其价值，但并不至于完全否定其意义。

孤僻型人格者从孤僻中着实获益匪浅。很明显，在东方哲学中，寻求独处被视为寻求精神升华的基础。当然，我们不能把这些追求和神经症性孤僻的渴求相比。在这些哲学里，人们主动寻求独处，视其为自我实现的最佳途径，若想要过不一样的生活，那他们就可以选择独处。而神经症性的孤僻则不同，它受内心的强迫，无可选择，舍此活法，再无其他。此外，患者可以从独处中获得一些相同的益处，不过，其多寡取决于神经症的严重程度。虽然承受着神经症的破坏力，孤僻型人格者仍能或多或少地保持遵守道德。如果一个社会里人际关系总体上友好且诚恳，那保持道德水准就不难。但是在一个充斥着伪善、诡诈、嫉妒、残忍和贪婪的社会里，小人物要保有道德良知，往往就要受苦。保持距离则有助于保持正直。不只如此，神经症往往让人心烦意乱，孤僻还是一条通往内心宁静的大道，能有多宁静则取决于其愿意牺牲多少。此外，如果在魔法圈里他还未将感性生活赶尽杀绝，那么孤僻还留给他一定的空间去独立思考、亲身感受。最后，因为所有这些因素，加上他习惯深思这个世界，而且比他人更为专注，所以如果得到机会，他就能够培养并表现出创造性才华。我并不是说神经症性孤僻是创造的前提，我的意思是，在神经症性压力下，孤僻能为创造性才华提供最佳的表现机会。

虽然患者受益匪浅，但这看起来并非患者拼命保持孤立的主要理由。实际上，如果种种原因导致孤僻的好处微不足道，或远小于随之而来的障碍，患者一样会拼命维护孤立状态。这一观察结果意味深长。如果孤僻型人格者走进人群里，被迫与他人保持紧密联系，那他的人格立刻就会瓦解得支离破碎，按照流行的说法，就是会神经崩溃。我在此使用这个术语是经过深思熟虑的，因为它包含的障碍范围广泛，功能紊乱、酒精中毒、自杀行为、抑郁症、无心工作、急性精神病发作等都可以此表达。患者自己，有时甚至包括精神病医生，常常将这些障碍与“崩溃”前不久发生的让人沮丧的事联系起来。警察的歧视、丈夫的风流与谎言、妻子神经质的举止、同性恋经历、不合群的大学生活以及失去庇护后自己谋生的生活等，都可能被当作罪魁祸首。诚然，这些问题确实与病情有关，治疗医生应当认真对待，努力理解某个具体的困难在患者心中到底引起了什么变化。但到此为止还远远不够，因为问题是患者为何会受到这么强烈的影响，为什么他的整个精神平衡被一个困难所威胁，而这个困难再怎么说也不过是日常的挫折和烦恼。换句话说，即使精神分析医生理解了患者对某个具体困难的反应，也还要理解为什么患者会如此明显地小题大做。

我们可以指出一个事实来回答这个问题：孤僻涉及的神经症倾向和其他神经症倾向一样，只要它还在起作用，就能带给人安全感；反之，如果它不再起作用，就会引起焦虑。只要孤僻型人格者能与他人保持距离，他就感觉相对安全；反之，如果他的魔法圈因为种种原因被侵入了，那他的安全就受到了威胁。这让我们能够进一步理解，为什么孤僻型人格者在不能保持与他人的情感距离时会惊慌失措。还要指出的是，他们之所以如此恐惧，是因为他们缺乏打理生活的技巧。他也只能如实际情况那样，保持超然物外的状态，远离生活琐事。这时，孤僻型人格的消极特质又使整个局面蒙上一层特别的色彩，区别于其他神经症倾向。具体来说，身处困境的孤僻型人格者既不愿讨好又不敢对抗，既不愿合作又不能独断，既不愿付出爱，又不能狠下心。他无力自保，就像一只野兽，面对危险只有一种办法——跑开并躲起来。相应的场景或比喻曾在联想或梦境中出现：他就像锡兰的俾格米人，只要躲在丛林里就战无不胜，一旦走出来就会被打得落花流水；他就像一座中世纪城镇，只有一道城墙，如果城墙被攻破，里面的人便只能任人宰割。这一处境完全能解释他对生活全面的焦虑。这有助于我们把他的距离感理解为一种全面的自我保护，他紧紧抓住这根救命稻草，代价再大也不敢松手。所有神经症性倾向从最本质上来说都是防御措施，但是其他的神经症性倾向同时也代表一种积极面对生活的尝试。但当孤僻性倾向成为主导，患者在处理任何生活实务时都深感无助，日积月累之后，其防御性特征便占据了首要地位。

但是，患者捍卫孤立状态的疯狂有更进一步的意义。对孤立状态的威胁，“攻破那道城墙”绝不只意味着暂时的恐慌，其结果可能是类似于精神病发作期间人格崩溃的状态。如果在精神分析过程中，孤立状态开始瓦解，那么不但忧虑会在患者的内心弥漫开来，而且患者的恐惧会直接或间接地表现出来。例如，患者会害怕淹没在茫茫人海中，这主要是害怕自己不再与众不同。此外，还有的患者害怕暴露在攻击型人格者咄咄逼人的压迫和剥削下，孤苦无助——这是其完全没有自卫能力的结果。但是还有第三种恐惧，那就是害怕发疯。这种恐惧生动形象地浮现在他的脑海中，他迫切需要保证这种恐惧不会成真。这里“发疯”不是指发狂、发飙，也不是不想负责任的念头浮现出来后的反应。它直接表现为一种具体的恐惧，即害怕自己人格截然分裂，这种恐惧常表现于梦境和联想中。这意味着放弃孤立就会迫使他直面自身的冲突，他迈不过这道坎，只会像一棵大树被闪电劈开一样分裂，这一意象正是一位患者脑海中曾浮现过的。这一设想已经为其他观察所证实，高度孤僻的人对“内心冲突”这个概念极度回避，几乎无法克服。随后，他们会告诉精神分析医生，谈及冲突时，他们完全听不懂精神分析医生在说什么。每当精神分析医生成功展示了其内心的某个冲突，他们总会无意识地以惊人而巧妙的手段悄悄避开这一话题。如果事先毫无准备，他们脑海中灵光一现，忽然意识到冲突的存在，他们便会被强烈的恐惧所包围。之后，如果他们在更安全的情况下意识到冲突的存在，那么一波更强的孤僻思潮也会随之袭来。

至此，我们可以得出一个乍一看难以理解的结论：孤僻是基本冲突的固有部分之一，同时也是针对基本冲突的防御机制。然而，如果具体分析，我们会发现这个谜团自行解开了：它的防御作用针对的是基本冲突中另外两个更为活跃的成分。这里我们要重申一点：三大基本心态之一占据主导地位后，并不能消灭矛盾的其他心态，也不能阻碍其作用。相比其他两种类型，我们在孤僻型人格者的案例中，可以更清楚地看到内心力量的相互作用。首先，矛盾斗争常常在其人生经历中体现出来。在其明确接纳孤僻心态之前，这种人往往先经历了讨好、依赖他人的阶段和无情打击他人的阶段。其他两种类型人格的价值观明确，与之相比，孤僻型人格者的价值观体系则极为自相矛盾。一方面，他始终高度重视自己所谓的“自由”和“独立”；另一方面，在分析过程中，他有时会对人性的善良、同情、慷慨、自我牺牲表现出极度的赞赏，有时又会转而彻底信仰冷酷自利的丛林哲学。他自己对这些矛盾困惑不解，但他会尝试通过某些合理化手段否认其矛盾冲突的特征。这种情况下，若对整体结构缺乏清晰的了解，精神分析医生很快就会对这一现象感到困惑。他会对两个方向一一试探，但又都不能深究，因为患者反复以孤僻来逃避，并关上每扇心门，就像关上舰船的防水隔舱门一样。

孤僻型人格者这种与众不同的“抵抗”背后，隐含的逻辑是简单而完美的。他不想自己和精神分析医生有任何关系，也不想把自己当作一个活生生的人来认知。实际上，他根本不想分析自己的人际关系情况，不想面对自身的冲突。如果理解了他的这些想法，我们就会明白，他对分析这些方面根本不可能有丝毫兴趣。他在意识层面相信：只要自己与别人保持安全距离，便无须费心人际关系的事；只要他疏远别人，人际关系的困扰便不会让他烦心。就连精神分析医生谈到的那些冲突，也大可占据支配地位，甚至应该继续占据支配地位，因为这些冲突只会让精神分析医生一个人操心。此外，他还认为没有必要理清这些头绪，因为无论如何他都不会抛弃孤立策略。如前所述，这种无意识的论证在逻辑上成立，至少在某种程度上如此。而他置之不理、长期视而不见的就是，他不可能在真空里成长进步。

所以，神经症性孤僻极为重要的作用，就是保证各项主要冲突不起作用。这是针对它们建立起来的最激进也最有效的防御机制。作为神经症患者刻意营造内心和谐的诸多手段之一，这种尝试是想通过逃避寻求解脱。但这不是真正的解脱，因为对亲密关系、支配地位、剥削能力、优势状态的神经症性渴求依然存在，这些渴求即使不会让患者精疲力竭，也会不断骚扰他。最终，只要矛盾的价值体系依然存在，内心的宁静和自由对患者而言就是镜花水月。

【三颗钻专家伴读】
第六章

李孟潮

霍妮花了整整一章来讨论一个防御机制——理想化。理想化是非常重要的防御机制，人的超我＝自我理想＋禁忌，而自我理想就来自理想化过程。

在本章第三段，霍妮的医生思维——鉴别诊断的爱好又“发作”了，她想要区分精神病性理想化和神经症性的理想化，然后又试图区分“理想化”和“理想”，并且列出了几条诊断标准。

但如前所述，在现代的心理治疗中，我们最好不要在心理机制、心理动机这些精微层面上进行“病态”和“正常”的诊断和鉴别诊断，否则就容易造成“医疗事故”。不过，霍妮在这一章提出的理想化这个防御机制的六个功能，还是令人赞赏的，直到今天也很有启示意义。

功能1 理想化形象代替现实自信和自豪。最终，这些不现实的自信感被挫折，造成自信被摧毁。

功能2 理想化形象可以消除虚弱感，带来优越感。

功能3 理想化形象可以带来人生的意义感，克服空虚感。

功能4 理想化造成人格的僵硬刻板，使人无法接受自己的错误和缺点。

功能5 理想化带来了艺术创作性。

紧接着，霍妮又花费了大量的篇幅，论述了理想化的第六个功能——它造成了自我的疏离和个人的异化。其实她之前所说的功能4，也是疏离和异化的结果，但是“异化”这个词，有比较深刻的哲学和社会学意义。比如黑格尔哲学中提到主体的异化：主体在认识客体的过程中，被客体异化，完成了主体-客体关系的辨证转化。在马克思的学说中，也被用来说明工人劳动的异化。工人本来是劳动的主人，但是他们最终被劳动奴役了。这种异化现象，现在已经深入社会的各个层面。

美国后来发展出一个精神分析流派，叫作自体心理学，其创始人以“夸大自体”“全能自体”来描述理想化过程，简单地说，就是人的夸大自体被投射到别人身上，形成了对他人的理想化，自己再认同这些理想化形象，形成了自我的理想化。

第六章
理想化形象

我们之前讨论了神经症患者对他人的基本心态，了解了他们用来避免内心冲突——或者更准确地说，处理冲突——的方法中的两种。其一是压抑人格的某一方面，而将其对立面引上前台；其二是保持自身与他人的距离，确保不引发冲突。两种处理方式都能带来内心统一的感觉，从而让个人的心理机制能够运行，即使要让患者本人付出可观的代价。[1]

这里我们要描述另一种方法，即神经症患者塑造出一个形象，相信自己就是这样，或者说当时他自己能够或者应该是这样。不论有意识还是无意识，这一形象总是在很大程度上偏离实际，但它对患者生活的影响是实实在在的。不只如此，这种形象总是在奉承患者自己，就像《纽约客》上刊登的一幅漫画一样，一位肥胖的中年妇女照镜子，看到镜子里的自己是一个窈窕少女。这一形象的具体

[1] 赫尔曼·南伯格在其论文《自我的合成功能》中谈及追求统一这一问题，该论文于1930年载于《国际精神分析期刊》。

特点取决于患者的人格结构，并随之改变。最突出的可能是美貌，也可能是权势、智力、天赋、圣洁、真诚，或者患者想拥有的其他东西。正因为这一形象脱离实际，它常常让人彻头彻尾地自负。因为自负虽然总被用作傲慢的同义词，其意义却是自称拥有某些实际并不具有或只是有潜能而尚未实际获得的品质。这一形象越是不切实际，患者就越脆弱，同时也越渴望来自外部的肯定与认可。我们确信自己拥有的品质，就无须他人来肯定，但如果不实的主张遭到质疑，我们就会极为敏感。

我们可以发现，这种理想化形象最直白的表现，就是精神病的夸张言行。但原则上，其特点与神经症类似。在神经症中幻想的成分少一些，但对患者而言一样真实。如果把偏离实际的程度作为精神失常与神经症之间的区别，那么我们就可以把理想化形象看作神经症中夹杂的精神失常的成分。

从本质上说，理想化形象是一种无意识现象。虽然其自吹自擂的现象即使对未经训练的观察者而言也显而易见，但神经症患者却不知道自己把自己理想化了，他也不知道这些性格糅杂在一起是何其怪异。他可能模模糊糊地感觉到他对自己要求过高，但是却把这种完美主义的要求当作真正的理想，从不怀疑这是否现实可行，反倒对此颇为自豪。

至于患者臆造的形象如何影响其对自己的心态，这一点因人而异，很大程度上取决于兴趣的焦点何在。如果神经症患者的兴趣在于让自己相信他就是理想化形象的化身，那他就会相信自己真的是个智多星，是个精妙绝伦的人，就算他犯下再大的错误也是神圣的。[1]如其关注真实的自己，认为真实的自己与理想化形象相比实在可鄙，那么他显然会自轻自贱。这种妄自菲薄所形成的自我认知，如果和理想化形象一样严重偏离实际，那么它就可以恰当地被称作“可鄙的形象”。最后，如果关注的焦点在于理想化形象与真实自己之间的落差，那么他自己知道，而其他人也可以观察到的，就是他不断想填平这道鸿沟，逼迫自己追求完美。在这种情况下，他重复“应当”这个词的频率就会非常惊人。他不断告诉自己该有何感觉、该怎么想、该怎么做。内心最深处，他就像天真的“自恋者”一样相信自己天生完美，而这表现为他相信如果自己更自律、更自制、思想更警觉、考虑更周到，他就可以变得完美。

与真正的理想相比，理想化形象是静止的。这不是他追求实现的目标，而是他崇拜的一个固定观念。理想具有能动性，它们可以激励人追求理想，是人成长发展不可或缺，也不可估量的力量。而理想化形象则显然是个人成长的阻碍，因为它要么否认缺点的存在，要么单纯地对其加以谴责。真正的理想让人谦虚，而理想化形象让人自负。

不论如何界定，这一现象其实早已被人发现。历代的哲学作品对此多有提及。弗洛伊德将其引入神经症理论，并用一堆名词为其命名：自我理想、自恋、超我等。这也是阿德勒在心理学上的核心命题，被他描述为追求超越。如果要在此详细指出这些概念与我的

[1] 参见安妮·帕丽斯，《一切下跪者》，出自《沃尔卡特第二读者》，花园城市出版公司，1939年。

概念之间的异同，那可能会偏题太远。[1]简而言之，这些都只涉及理想化形象的某个方面，而未能将其看作一个整体。因此，虽然弗洛伊德、阿德勒以及其他很多著作等身的作者，如弗朗茨·亚历山大、保罗·费登、伯纳德·格鲁克以及欧内斯特·琼斯等，都曾对此做出评论、提出观点，但这一现象的完整意义和作用还未为人所知。那么，它的作用是什么？看起来它满足了患者关键的需求。不论各位专家理论上如何评价，他们都认同一点，即理想化形象是神经症的一大据点，其地位难以撼动，甚至难以削弱。例如弗洛伊德就把根深蒂固的“自恋”心态视为心理治疗最大的障碍之一。

从可能是其最基本功能的一点谈起，理想化形象替代了现实的自信与自豪。一个最终患上神经症的人，几乎没有机会建立自信，因为他曾经遭受的经历太过沉痛。他可能具有的自信在神经症病情发展过程中被进一步削弱，因为自信不可或缺的条件往往已被摧毁了。简单罗列这些条件很难。最重要的因素有：个人情感是否充满活力，是否可以自如动情，是否真正树立了自己的目标，以及能否在自己的人生中积极主动。不论神经症病情如何发展，这些因素总是容易受损。神经症倾向有损自身意志，因为患者从此就会任其摆布，而不再能自主行动。不只如此，神经症患者决定自己行为轨迹的能力不断被其对他人的依赖性削弱，不论是盲目叛逆、盲目渴望超越，还是盲目要求与他人保持距离，都是依赖的表现形式。

[1] 参见对弗洛伊德自恋、超我、负罪感的概念的批判性审视，见于卡伦·霍妮《精神分析的新方向》，诺顿书屋，1938年；亦参见艾里希·弗洛姆《自私与自爱》，出自《精神医学》，1939年。

此外，患者压抑了自己大部分的情感力量，使之陷于瘫痪。所有这些因素，都让他不可能形成自己的目标。最后，基本冲突使患者自己内心分裂。这样，因为脱离了现实基础，神经症患者必然自我膨胀，感觉权势遮天。这就是为什么理想化形象里总有相信自己无所不能的成分。

第二个功能与第一个密切相关。在真空中神经症患者不会感到虚弱，让他产生虚弱感的，是一个满是敌人的世界，所有人都时刻准备着欺骗他、侮辱他、奴役他、打击他。因此他必须不断地评估自己，与他人比较，这并非是贪图虚荣，亦非提防变故，只是不得不为。因为他心底认为自己虚弱可鄙——这一点我们随后便会看到——他必然寻求安慰，让自己感觉好些，觉得自己比别人身价更高些。至于形式，不论是自我感觉更圣洁还是更无情，更富有爱心还是更愤世嫉俗，他总得以某种方式让自我感觉优越，不管追求出人头地的驱动力是什么。大多数情况下，这种需求包含了战胜别人的渴望，因为不论神经症患者的人格结构如何，他总有脆弱之处，而且时刻准备着受人鄙视与羞辱。为了缓解羞辱感，他便需要成功报复来以毒攻毒，这种需求可能付诸实施，也可能主要存在于神经症患者的思想里。这种需求可能是有意识的，也可能是无意识的，但它是神经症患者追求优越的驱动力之一，并给这种追求抹上了特有的色彩。[1]这个文明的竞争精神不只是总体上易通过制造人际关系障碍来诱发神经症，而且还特别容易滋生渴望成为大人物的需求。

[1] 参见本书第十二章“施虐倾向”。

我们已经看到理想化形象是如何替代了真正的自信与自豪的，但是它还有另一种方式来替代。神经症患者的理想自相矛盾，所以不可能有任何强制力。这些理想始终黯淡模糊，无法引导患者。因此，若不是追求成为自己一手创造的偶像，从而让生命多少有些意义，那么患者就会感到整日漫无目的地活着。这在分析过程中变得尤为明显，理想化形象被摧毁后，患者一度感觉茫然无措。只有到了此时，患者才意识到他在理想上心存困惑，而这一认识对他而言却不讨喜。在此之前，不管他对此花过多少嘴上功夫，他对这方面的整个问题都一无所知，对此的兴趣亦无从谈起。现在他第一次意识到理想有着某种意义，并且想对自己的诸多理想一探究竟。我不得不说，这种经历证明理想化形象替代了真正的理想。理解这一功能对于治疗具有重要意义，在此之前，精神分析医生可以为患者指出其价值观体系中的矛盾，但他无法指望患者对这一问题产生任何建设性的兴趣，因此在理想化形象不再不可或缺后，他才有可能解决患者的问题。

与其他功能相比，理想化形象有一个功能，它更大程度上导致了其僵硬刻板的特点。如果我们照镜子，认为镜子里的自己是品德或才智典范，那么，即使是再明显不过的错误和缺陷，也会要么消失，要么披上迷人的色彩，就像在漂亮的画作里，残垣断壁不再是残垣断壁，而成了褐色、灰色、红色交织的美景。

要想对这种防御功能有更深刻的理解，我们不妨问一个简单的问题：一个人如何对待自己的错误和缺点？包括这个在内的很多问题，乍看起来都莫名其妙，因为它们会让人想到无数种可能。然而，答案实际上十分明确。一个人对待自身错误与缺点的态度，取决于他接纳或拒绝接纳自己的哪些方面。然而，在相似文化条件下，这取决于基本冲突中哪个占主导地位。例如，屈从型人格者不会把自己的恐惧或无助当作污点；而攻击型人格者却以此为耻，对此加以掩饰，自欺欺人。屈从型人格者认为恶意攻击他人是罪恶的；攻击型人格者则视自己的柔情为可耻的弱点。此外，每一种人都受内心驱使，拒绝承认那个更可爱的自己只是自欺欺人的假象。例如，屈从型人格者必然拒绝承认自己本质上并非真诚、仁爱或慷慨的人；孤僻型人格者则不愿看到自己的清高并非出于自愿选择，而是不得不与他人疏远导致的。但还有个规律是，二者都拒绝承认自己的施虐倾向（后文将展开讨论）。我们可以得出结论，什么被视为缺点而不被接受，什么就与患者对他人的主导心态所营造的自我认知格格不入。我们还可以说，理想化形象的防御功能在于否认冲突的存在，这就是为什么这一形象必须始终不可动摇。发现这一点之前，我一直奇怪，患者为什么接纳不了一个不那么重要、不那么高贵的自己。但现在看来，答案已经很清楚。他只能寸步不让，因为一旦承认了某个缺点，他就不得不直面内心的冲突，这就会威胁到他粉饰出来的内心伪和谐。至此，我们可以认识到，内心冲突的激烈程度与理想化形象的僵化程度为正相关。如果发现特别严谨而僵化的理想化形象，我们可以据此推测，患者内心冲突的破坏性也特别强烈。

除却已经指出的四个功能，理想化形象还有第五个功能，同样与基本冲突相关。除了遮掩基本冲突令人不悦的部分，理想化形象还有一种更积极的用途。它代表着一种具有艺术气息的创作，其中的对立面看起来已得到调和，或者在某种程度上不再被患者个人看作冲突。以下几个例子会说明这一过程。为避免长篇大论，我将只列出现有的冲突，并说明其如何在理想化形象中出现。

某人名为X，其冲突的主导方面是屈从。他极度需要情感和认可，需要被关爱，想成为慈悲慷慨、考虑周到的施爱者。居于次位的强烈倾向是孤僻，他通常离群索居，强调独立，害怕与人发生联系，对受迫敏感。孤僻倾向不断与对人际亲密感的需求发生冲突，在其与女性的关系中不断制造障碍。攻击性驱动力也十分明显，表现为他处处争第一，间接支配别人，时而利用他人，不容任何干涉。自然，这些倾向大大分散了他爱的能力和交友的能力，也与其孤僻型倾向产生了冲突。患者对这些驱动力浑然不知，他用这三种倾向编织出了一个理想化形象：他是伟大的爱人和朋友——要是哪个女人更关注别的男人多一点，那可倒是怪事了，因为再没有比他更善良的好人了。他是那个时代最了不起的领导者，一个备受敬畏的政坛天才。此外，他还是伟大的哲学家，有大智慧，眼光深邃，能看透生活的意义及其终极的虚无，这样的人凤毛麟角，而他跻身其间。

这一形象并非完全凭空捏造。在这些方面，他都很有潜力。但这些潜力被拔高到了已经实际掌握这些能力的程度，而且成就卓著、无与伦比。此外，这些驱动力具有强迫性，患者却对此模糊处理，转而相信那是自己的内在品质与天赋。取代对情感和认可的神经症性需求的，是假想出来的爱的能力；取代渴望超越他人的驱动力的，是自以为是的超凡才华；取代对保持超脱的需求的，是想象中的独立与智慧。最后，最重要的一点是，这些冲突得以解决的方式如下：在现实生活中，这些驱动力相互干涉，使患者的潜力丝毫得不到发挥，在他心里却被抬高到抽象的完美境界，看起来形成了一个丰满的人格中协调的几个方面；而它们代表的基本冲突的这三个方面，则被割裂成三个角色，共同组成其理想化形象。

另一个例子更清楚地表明了割裂冲突元素的重要性。[1]在患者Y的例子里，主导性倾向是孤僻，且形式颇为极端，具备前一章所述的所有特征。其屈从型倾向也很明显，但他拒绝看到这一点，因为这与他对独立的追求格格不入。争先创优的劲头偶尔会强行冲破压抑的外壳。他意识到了自己对亲密人际关系的渴望，这一渴望不断与孤僻倾向发生冲突。他只有在想象中才能无情宣泄攻击的欲望：他沉浸于大破坏的幻想中，颇为坦诚地祈望杀死所有干涉自己生活的人。他承认自己相信丛林哲学，信奉“强权即真理”这一个信条，并冷酷地追求自私自利，认为这就是聪明而真诚的唯一活法。然而，他却非常怯懦，只有在某些情形下，才会爆发怒火、诉诸暴力。

他的理想化形象是下面这个怪异的组合。大部分时间里，他是住在山巅的隐士，有无上智慧，享无边宁静。极少情况下，他会变身为一个狼人，全无人的情感，痴迷杀戮。但这两个水火不容的角色似乎还让他意犹未尽，因为他还是一个理想的朋友与爱人。

[1] 双重人格的典型例子，罗伯特·路易·史蒂文森的《化身博士》，其主旨围绕着分割人类内心冲突因素的可能性。认识到自己内心善恶的割裂有多严重后，化身博士说：“很早以前……我学会了像可爱的白日梦那样去快乐地思考如何分割这些因素。我告诉自己，如果每一部分都只能放在孤立的身份里，那么生活中一切无可忍受的痛苦都得到了解脱。”

我们看到，患者同样拒绝承认神经症性倾向的存在，同样妄自尊大，同样把潜能当成现实。不过，在这个例子里，患者并未尝试调和冲突，矛盾依然存在。但与现实生活中相反，它们看起来纯粹得很，因为这些对立面被相互割裂、互不干涉。这似乎才是关键，冲突就这样消失了。

最后，还有一个角色更为统一的理想化形象：在患者Z的实际行为中，攻击性倾向占绝对主导地位，并伴有施虐倾向。他盛气凌人，常常剥削别人。受吞食天地般的野心驱使，他冷酷地前进，神挡杀神，佛挡杀佛。他可以策划、组织、争斗，并有意识地彻底遵循丛林哲学。他同时也极为孤僻，但他的攻击性驱动力始终让他身处人群，人际关系错综复杂，无法保持超脱。然而，他时刻保持高度警惕，避免卷入私交，不敢与人同乐。直到这一步他还颇为成功，因为对他人的积极感受被大大压抑了，对人际亲密关系的欲望则主要以性关系为渠道而得以满足。然而，他还有明显的屈从倾向，需要他人的认可，这就干扰了其强烈的权力欲。此外，在这背后，他以清规戒律为标准严于律人，不过，他当然也不免以此自律，而这也与他信奉的丛林哲学水火不容。

在其理想化形象中，他是金光闪闪的骑士，是视野开阔、目光精准的远征军战士，始终追求正确的方向。作为英明的领袖，他为人处世不偏不倚，纪律严明、赏罚公平。他待人坦诚、不加伪饰。女人爱他，而他也可以成为伟大的爱人，却不会为任何女人停留。至此，和其他情况里一样，同一个目标得以实现：基本冲突的不同成分混为一体了。

由此可见，理想化形象是一种避免基本冲突的尝试，其重要性不亚于之前介绍过的其他几种方法。它作为纽带，将分裂的个人内心捆绑在一起，具有极大的主观价值。虽然它只存在于人的思想中，但它对患者与他人的关系有决定性影响。

理想化形象可以被称为虚构的或幻想的自我，但是这只是事实的一个方面，因此容易产生误导。在其形成过程中，那种一厢情愿的思维着实惊人，尤其因为当事人在其他方面都遵循坚实的现实依据。但这并不意味着它完全是虚构的。它由想象与现实因素交织而成，并由极为现实的因素决定。通常它包含着患者真实理想的蛛丝马迹，虽然夸大其词的成就是虚幻的，但其背后的潜力常常真实存在。更关键的是，它源自极其现实的内在需求，并具有十分现实的功能，对患者施加了十分实际的影响。创造这一形象的过程取决于一些明确的规律，根据这些规律，我们只要知道它的一些特征，便可以准确推测出某人真实的人格结构。

但是，不管理想化形象中夹杂着多少幻想成分，在神经症患者眼中，它就是真相。这一观念越是牢固，患者就越接近理想化形象，而相应地，其真实的自我也就越黯淡了。对事实的颠倒必然出现，因为这一形象所起作用的本质注定如此。每个作用都以磨灭真实人格、自己取而代之为目标。回顾很多患者的经历，我们相信，建立理想化形象常常是真真切切地挽救了患者的人生，因此在其理想化形象受到攻击时，患者的抵抗也就完全合理——至少也是合乎逻辑的。只要他的理想化形象保持完整，并且他自认为是真实的，那么他就会觉得自己位高权重、内心和谐，而这些感受的虚幻本质就无所谓了。他自以为高人一等，仗着这感觉，他会觉得有权提出各种要求和主张。但如果任由理想化形象被摧毁，他就要受到很多威胁：不得不直面自身各种弱点；再也不能享有特权；发现自己没那么重要，甚至成为自己眼里可鄙的人。更恐怖的是，他不得不面对自己内心的冲突，面对人格崩溃的骇人威胁。这让他有机会成为更好的人，比躲在理想化形象的光环下更为可敬。这是他所听到的福音，但他长期将此当作耳旁风。这种变化就像在黑夜里纵身一跃，让他着实害怕。

既然主观价值这么高，值得推荐，那么理想化形象若无固有的巨大缺陷，其地位便不可动摇。但这整座大楼摇摇欲坠，首先是因为其中涉及的那些虚构成分，就像一个蓄满张力的藏宝屋，患者个人极为敏感脆弱，外界任何的质疑或批评、内心对自己与理想化形象之间差距的觉察、头脑对内心力量的真正洞察等都会让他内心爆裂、步履维艰。他必须在生活中约束自己，以免暴露于这些危险之中。若是有可能得不到崇拜或认可，他就一定会回避这种场合。若是自己没有十足的把握，他便不愿承担这样的任务。他甚至会形成一种强烈的情绪，逃避所有努力。对他这位天才而言，他对画作的构思，便已经是大师级作品。庸人靠勤奋总能有所建树，可对他而言，若是和阿猫阿狗一样做，便等于承认自己不是大师级人物，与哙为伍是何等的耻辱。然而，现实中并没有不劳而获这种事，因此他的态度决定了他内心驱动想要实现的任何目标最终都无法实现，他的理想化形象与真实自我之间的鸿沟越来越大。

他依赖他人的不断肯定，可以是认可、崇拜、奉承等各种形式，但最终不过也只能让他暂时放心。他在无意识中厌恶那些作威作福的人，或者说在任何方面比他强的人——更独断、更平和、知道更多的人是一种威胁，足以摧毁他的自我认知。他相信自己就和自己的理想化形象一样，他越是执着于这一信念，厌恶情绪就越强烈。或者，如果内心的自负情绪被压抑了，他就会盲目崇拜那些公认的大人物，并通过自负的言行表现出来。他爱大人物身上映照出的自己，却终不免大失所望，因为早晚有一天，他会发现，他奉若神明的人都只在乎他们自己，具体对他而言，就是只关心他在他们神坛上敬献的香火。

理想化形象最大的问题，可能就是对自我的疏离。[1]若不疏远自我，我们便无法压制或消灭自我中的关键部分。这就是神经症病情发展逐渐导致的诸多变化之一——纵然其本质变化不显山露水。当事人根本记不得自己的感受、好恶、信仰，简而言之，他忘却了真正的自己，不知不觉中活成了他的理想化形象的样子。在表现这一过程上，J. M. 巴里所著《托米与格里兹尔》中的托米，比任何临床记录都要更好。当然，若非无意识地深陷伪装与合理化的蛛网里无法自拔，患者也不可能有如此举止，但这会危及他的正常生活。当事人会对生活失去兴趣，因为活着的不是他自己；他无法决策，因为他不知道自己真正想要什么；如果种种困难积累起来，他的内心就会弥漫一种不真实感——他长期自欺欺人，这便是一种明显的表现。要想理解这种状态，我们必须意识到，虚幻的面纱遮盖着他

[1] 即个人的异化。为方便读者理解，后文未用“异化”一词，而是表述其含义。——译者注

的内心世界，这层面纱注定要向外部世界延伸。近日，一位患者这样总结了整个状况："若没有现实这种东西，我会活得挺好。"

最后，虽然理想化形象是为消除基本冲突而生，并且在有限的程度上取得了效果，但它又在人格上撕开另一条裂隙，甚至比原来那个更为危险。大致而言，一个人树立起自己的理想化形象，是因为他无法容忍自己真实的模样。理想化形象看起来是对这一痛苦对症下药，但自己一旦登上了神坛，就更难容忍真实的自己，他开始痛骂真我，鄙视自己，在无法实现自我要求的桎梏中烦躁不已。于是，他在自我崇拜与自我鄙夷之间摇摆不定，在理想化形象与受鄙视的真实形象之间摇摆不定，无法保持中立。

因此，一个新的冲突出现了，一边是相互矛盾的强迫性努力，另一边是心理障碍强加的精神独裁。而他对这种精神独裁的反应，就和个人对政治独裁的反应类似：也许他会以独裁者自居，具体而言，他觉得自己就像独裁者自称的那样伟大、理想；也许他会踮起脚尖挣扎着满足独裁者的要求；也许他会反抗强权统治，拒绝承担强加的义务。如果他的反应是第一种，那么他给我们的印象便是一个"自恋"而不自知的人，无法接受批评；在第二种情况下，他给我们的印象是一个完美主义者，即弗洛伊德所称的超我型人格者；在第三种情况下，他看起来不会对任何的人或事负责，往往反复无常，不负责任，否定一切。我使用"印象"和"表象"这两种表达是有意为之，因为不论他的反应如何，本质上他都会始终焦躁倔强。即使是叛逆型人格者，总是相信自己是"自由身"，也会一边争取推翻强加的标准，一边在这些标准要求下受苦受累。而他仍然被理想化形象攥在手心这个事实，只有在他挥舞这些标准鞭笞他人时才会显现出来。[1]有时，有的人会经历在两个极端间来回摇摆的阶段。例如，他一会儿要“好”得超出人类极限，一会儿又因为从中得不到任何快慰，便转向另一个极端，激烈反对这些标准。或者他会从看起来毫无顾忌的自恋者变成一个完美主义者。在更多情况下，我们会发现类似的态度会组合在一起。所有这一切指向一个事实：这些尝试都还不够，且都注定失败——我们的理论完全可以解释。我们必须将其看作为了摆脱无法忍受的处境而做的垂死挣扎，就像在任何绝境中，被困者会尝试各种不同方法一样：这种不行，就换另一种。

所有这些结果叠加起来，筑起了一道巨大的障碍，阻碍着个人真正的发展。患者无法从自身的错误中吸取教训，因为他眼中的自己没有错误。虽然他声称追求自己的成长，实际上他必然对此失去兴趣。谈及成长时，他真正想到的是一个无意识的想法：去塑造一个更完善的理想化形象，让这个形象完美无瑕。

因此，治疗的任务，便是让患者全面彻底地看清自身理想化形象，帮助他逐渐理解其各项功能和主观价值，并向他指出其必然带来的痛苦。这样患者便会开始思考代价是否太大。但只有当导致理想化形象出现的需求显著消失之后，患者才能抛弃理想化形象。

[1] 参见本书第十二章“施虐倾向”。

【三颗钻专家伴读】
第七章

李孟潮

霍妮在这一章详细描述了“外化”这个防御机制。她在本章第二段提出，这个机制和投射类似。现在大家都用“投射性认同”这个词来描述她曾经描述过的现象，投射性认同有多种定义，最简单的解释是，它是两个人之间的相互投射与相互认同。而相互投射与相互认同的东西是什么呢？即自体和客体。

霍妮在本章描述了外化或者说投射的三大后果：1）导致人们依赖别人；2）造成顽固而痛苦的虚无感；3）可以消化自卑情结，鄙视别人或者认为别人鄙视自己。之后，霍妮还详细描述了与外化伴随的另外一个现象：对自我的愤怒，其实这可以算第四个后果。因为理想化形象被向外投射后，人总是会觉得别人全好，自己全坏。

霍妮接着描述了这种对自己愤怒的三种外化形式：1）变得暴躁易怒，对周围人吹毛求疵；2）变得小心翼翼的，不敢惹怒别人，成为屈从的“圣母”；3）出现各种生理功能的紊乱。她还讨论了控制狂魔和高敏感这两种现象，认为它们都是来自个案内心的理想化权威的强制性和强迫性。这里来补充一下，霍妮之前的分析大多还是和今日的认知相符合，但是，高敏感现在不被认为是结果，而主要被当作一种先天的气质。

她还有一个观点比较重要，就是提出有一种外化，可以被称为“一切怪童年”“一切怪爸妈”，这种防御方式在今天仍然广泛存在。这种防御中，首先是个案内心有一个全能掌控心理健康者，然后这个全能掌控心理健康者不好好地掌控儿童的心理健康，最后造成了数十年后“我的人格障碍”。这个全能掌控心理健康者是谁？当然就是“父母皆祸害”中的父母。在本章的最后一段，霍妮还天才地提出，这种外化造成了阻抗：人们执着于童年创伤，而不面对当下的困难，也没有意识到，自己才是今天自己心理健康的第一负责人。

第七章
外化

我们已经看到，为了跨过真实自我与理想化形象之间的鸿沟，神经症患者采用了多少伪装手段自欺，但最终适得其反，反而加大了这一差距。不过，因为这一形象具有巨大的主观价值，他只能不断向这一形象妥协。他处理这一切的方法有很多，其中的很多方法将在下一章讨论。这里我们只仔细分析一种相对不为人知的方法，但其对神经症患者人格结构的影响极为深刻。

我将这种方法称为“外化”，它指的是这样一种倾向：将内在的心理活动当作外在的经历去体验，并且总是认为那些外在因素对其面对的困难负有责任。与理想化相比，他的目的同样是逃离真实自我。虽然在自我范围内，和以前一样还存在着修改和塑造真实人格的过程，但外化意味着抛弃整个自我。简而言之，人可以在理想化形象中寻求庇护，躲避其内心基本冲突，但当真实自我与理想化自我之间的分歧过大，导致由此产生的紧张状态已令患者无法忍受时，他就再也无法从内心世界寻求解脱了。于是，唯一的出路便是彻底逃离自我，让自己永远置身事外。

这一现象中，有一些包含在术语“投射”的范围里，意思是将个人困难客观化。[1]一般而言，投射就是面对主观上无法接受的倾向或品质，当事人将指责的矛头、负有的责任转向别人，如自己惯于背叛出卖、野心勃勃、颐指气使、自以为是、卑躬屈膝等，却怀疑别人是这样的人。在这个意义上使用这一术语是完全可以接受的。外化则是一种更综合的现象，转嫁责任只是其中一部分。患者从他人身上不仅会感受到个人的不足，还或多或少地会感受到一切情感。一个习惯外化的人，可能为小国人民遭受的压迫而深感不安，而感受不到自己身上的压迫感有多强。他无法为自己感到绝望，却能从他人身上得到这种情绪体验。在这种关系里，尤其重要的是，他不知道他对自己的态度。例如，他会觉得别人对他怒气冲冲，实际上是他对自己怒不可遏。或者，他意识到了对他人的怒气，实际上是他在对自己发怒。此外，他归因于外部因素的，不只是自己面对的障碍，还有他的积极情绪与成就。他会把失败看作是命中注定，把成功归功于时来运转，把好心情归功于好天气，等等。

当一个人觉得自己生活中的起起落落都由他人决定，唯一合理的结果便是他一定会专注于改变他人、改造他人、惩罚他人、保护自己免受他人干涉，或者打动他人。从这个角度看，外化是依赖他人的原因，然而，相较于神经症患者出于对感情的需要而导致的

[1] 这一概念由爱德华·A. 斯特雷克和肯尼士·E. 厄佩尔在《发现自己》（麦克米兰出版社，1943年）中提出。

依赖，这种依赖截然不同。这也导致患者对外部环境的过度依赖。住在城区还是市郊，选择这种还是那种食疗，睡觉是早还是晚，在这个还是那个委员会工作，患者都会过分在乎。于是，他的人格特点被荣格称为外向性。荣格将外向性视为先天倾向的片面发展，而我则认为正是患者通过外化消除无法回避的冲突，才导致了上述情况。

外化的另一个必然产物则是顽固而痛苦的虚无感，同样这种感受也归因不当。患者不是如实感受到了情绪中的空洞感，而是感到腹中空空，饥肠辘辘，想要靠强迫性进食消除这种感觉。或者，他会担心自己体重太轻，会像一根羽毛一样被扔来扔去，觉得一场暴风雨就能把自己卷走。他甚至会说，周全分析之下，他就是一个空壳。一个神经症患者外化得越彻底，就越像个轻飘飘的鬼魂，往往只能随波逐流。

对于这一过程的影响，就先论述至此。下面我们来看一看外化具体如何有助于缓解自我与理想化形象之间的紧张关系。不论一个人在意识层面怎么看待自己，上述二者之间的差距都会在无意识层面敲响警钟：他越是成功地把自己和理想化形象混为一谈，无意识层面的反应就越强烈。最常见的表现形式是自轻自贱、对自己发怒、感到受压迫，这些不但都极端痛苦，而且在诸多方面让人无力生存。

自卑情绪的外化形式，可能是鄙视他人，或者是感到别人鄙视自己。两种形式通常共存。至于其中哪个占据主导地位，或者说更有意识，则取决于神经症患者的整个人格结构。他的攻击性越强，越觉得自己高高在上、理直气壮，就越容易随时鄙视他人，越不可能觉得别人会看不起自己。相反，他越是屈从，越是因为无法达到理想化形象的标准而自责，就越容易觉得自己对别人而言一无是处。后者的破坏力特别大，会让患者变得羞涩内向，故作正经，畏畏缩缩。这会让他过于感恩——简直到了卑躬屈膝地感恩戴德的地步，只要给他一点情感或者赞许，他便会如此。与此同时，他连最基本的真心结交都不能接受，只能将其模糊地当作一种自己根本不配得到的博爱之心。这让他面对盛气凌人者时毫无防御能力，因为他一定程度上赞同对方的看法，觉得自己受人鄙视也是理所当然。自然，这样的反应会滋生厌恶的情绪，若受到压抑，日积月累，就会积攒起爆炸性的能量。

尽管如此，体验外化形式的自卑具有显著的主观价值。自我挖苦会粉碎神经症患者所能拥有的一切虚妄的自信，将其逼到崩溃的边缘。受人鄙视已经非常痛苦，但总还有希望转变别人的态度，或者可以以德报怨，还可以默默认为他们有失公平。但如果鄙视自己的正是自己，那这一切就都没有用了。他有冤也无处诉。这样一来，神经症患者在无意识层面对自身感到的绝望就会完全呈现出来。他不但会开始鄙视自己真正的弱点，而且还觉得自己处处可鄙。于是，他的优点也会随之堕入其卑贱感造就的无底深渊。换言之，他会觉得自己就是自己的卑鄙化形象，会将其视为不变的真相，局面无可挽回。这告诉我们，有一点在治疗中可行：要先等患者消除无助感，明显挣脱理想化形象的束缚，方可触及其自卑情绪。直到此时，患者才能面对现实，从而明白他的卑贱感不符合客观实际，而只是他严酷的标准导致的主观感受。当他对自己的态度更为宽仁时，就会发现情况并非一成不变，他坚决拒绝的那些特质并不可鄙，而只是自己最终可以克服的困难。

患者总要自欺欺人地相信自己和理想化形象一样，这一点对他来说无比重要。只有记住这一点，我们才能理解神经症患者为何对自己怒不可遏。事实是，他不只为自己达不到理想化形象的标准而感到绝望，还怒己不争，这一现象是理想化形象固有的全能感导致的。不论他童年的不幸何等巨大、何等难以逾越，他既然自诩为全能之人，就本应可以战胜它们。即使他思想上认识到自己的神经症已布下了天罗地网，他还是为不能破网而出对自己恼怒不已。当他内心的驱动力相互冲突，而他不得不面对，并认识到自己无力实现矛盾的目标时，他的愤怒就会到达顶峰。这就是为什么顿悟到冲突的存在会让他内心剧痛。

对自己的愤怒主要有三种外化方式。如果宣泄敌意的行为未被抑制，愤怒轻易就喷涌而出了。随后矛头会转向其他人，可能表现为常常易怒，也可能是这种情况：患者对自己犯过某种错深恶痛绝，这时，恰巧别人也犯了同样的错误，他便对这个人大发雷霆。举例来说，有个患者抱怨丈夫生性犹豫。可她丈夫只是为小事犹豫了一番，所以，患者大发雷霆就明显小题大做了。我知道她也性格犹豫，便暗示她的言行表明她在无情地谴责自身这个缺点。对此她骤然狂怒，有一种把自己撕碎的冲动。事实是，在她的理想化形象里，她是中流砥柱式的大英雄，所以她难以容忍自己的任何缺点。这一反应的特征极为明显，虽然本质上非常戏剧性，但第二次谈话时，她就把这件事忘得一干二净了。尽管在那一瞬间她看到了自己的外化行为，但放弃外化的时机还没成熟。

第二种方式的形式是：自己无法容忍的错误会激怒他人，有意识或无意识地，患者对此始终忧心忡忡或者心怀期待。一个人深信自己的某种行为会勾起别人深深的敌意，所以，当他没有遭遇敌对反应时，就会真的茫然不解。例如一个患者，她的理想化形象里有一部分是像维克多·雨果《悲惨世界》里的主教一样善良，但每当她坚持立场，甚至表示愤怒时，别人倒是更喜欢这样并非圣人般的她，她发现这一点时大吃一惊。如正常人根据其理想化形象可以猜到的一样，该患者的主导性倾向是屈从。这一倾向源自她对与人亲近的需求，而她对敌对反应的预期大大强化了这一倾向。她越来越屈从，这实际上是这种形式的外化导致的主要结果之一，并表明了神经症的各种倾向是如何在恶性循环中持续相互强化的。强迫性屈从日益强化，是因为理想化形象在这一情形中包含“以圣人标准自律”的成分，这一形象驱使患者进一步磨灭自我。由此而来的敌对冲动，随后会引发对自己的愤怒。这种愤怒的外化导致患者日益害怕他人，反过来进一步强化了屈从倾向。

愤怒外化的第三种方式是关注生理紊乱。针对自己的愤怒，患者在初次体验时，看起来像处于颇为严重的生理紧张状态，例如肠病、头疼、疲劳等。患者在意识层面感知到愤怒时，所有这些症状就以迅雷不及掩耳之势消失掉了。这很能说明问题。有人可能会想，是应该将这些生理表现当作外化，还是应该单纯将其视为愤怒被压抑所导致的生理学结果。可要区分这些表现与患者利用其达到的效果则非常困难。无一例外，患者迫不及待地将自己的精神问题归罪于其身体病痛，进而指责外部诱因。他们总想证明：自己并无精神问题，可能只是因为饮食不当而引起肠胃不适，因过度操劳而感到疲惫，也可能是因为空气潮湿而患了风湿病。

至于神经症患者借助愤怒的外化取得了什么效果，答案可能和自卑的情况一样。但是需要指出的是，还有一点应当考虑。只有认识到这些冲动会导致自我毁灭的真实危险后，别人才能完全理解这类患者经历了怎样的病情。第一个例子里提到的患者只在一瞬间感觉到撕碎自己的冲动，但是精神病患者会付诸行动，动手自残。[1]如果没有外化，那自杀者可能多得多。可以理解的是，弗洛伊德见识到了自我毁灭性冲动的威力，故而假设人拥有自毁本能（死亡本能）。只是这一概念堵住了他真正理解这一行为，从而有效施治的道路。

内心自我压迫感有多严重，取决于理想化形象的威权控制在多大程度上扭曲了人格。外人往往低估这一压力。它比任何外来压迫都更为严重，因为后者尚允许人保有内心的自由。大多数患者都感觉不到这种压迫，但当它消除之后，患者重获内心自由之时，他就可以借助重获的自由估量到这一压迫的大小。这一压迫一方面可以通过向他人施压得以外化，这与神经症患者渴望支配权的外部效果一样。虽然二者可能同时存在，但区别在于，内在压力外化而成的

[1] 很多例子可见于卡尔·曼宁吉尔《对抗自己的人》（哈科特·布雷斯出版社，1938年）。然而，曼宁吉尔从完全不同的角度看待这一主题，他继承弗洛伊德的观点，假定人有自我毁灭的本能。

压迫主要并非要求他人顺从自己，而是将患者令自己焦躁的自律标准也强加于人，患者无视自己幸福与否，也无视这一标准能否让他人幸福。广为人知的清教徒心理正是这一过程的真实写照。

同样重要的是，这种内心强迫也能够以另一种形式外化：对于稍带一丝压力的外在事物，患者即高度敏感。如每个观察者所知，这种高度敏感很常见。这一现象并非全部源于自我强加的压迫。通常，他们曾在别人身上体验过和自己一样受内心驱动的权力欲，并对此感到厌恶。在孤僻型人格者身上，我们认为起主要作用的是患者维护自身独立地位的强迫性，而这必然使其对任何外部压力都保持敏感。将无意识的自我束缚外化，是一种更隐蔽的病因，在分析中更易被忽视。这尤为令人遗憾，因为这常常是医患关系中一股颇有影响的暗流。即使医生分析指出其更为明显的那些敏感原因，患者仍会坚持认为精神分析医生提供的建议通通无效。这一过程中酝酿的颠覆性战役更为激烈，因为精神分析医生实际上想让患者有所改变。医生坦诚表态说只是想帮助患者找回自己，重获内心生命之源，但这却毫无用处。患者可能会不屈从于突然而来的影响吗？事实是，他不知道“真正的”自己是什么样，所以无法自主接受或者拒绝，而精神分析医生关心他，要他避免给自己强加任何个人信念，但这些劝导也全无用处。此外，由于他并不知道内在压迫将其置于特定的套路中，也不知道自己因此而苦苦挣扎，他便只能用反抗来回答一切企图改变他的外部图谋。不言自明的是，医生发起的这场徒劳的战役不但会发生于精神分析活动中，也必然或多或少地出现在任何亲密关系中。正是对内心活动过程的分析最终打倒了心中的幽灵。

在复杂情况下，一个人越是倾向于服从理想化形象苛刻的要求，就越会将这种屈从外化。他会急于达到精神分析医生或其他相关人士对自己的期待，或者说他认为这些人对他抱有的期待。可能他看起来听话、好骗，但与此同时，他的内心会默默堆积对这种“压迫”的憎恨。结果可能是，最终他的眼里人人都是支配者，他对这个世界充满仇恨。

那么，一个人将内心的束缚外化，又能让他得到什么？只要他相信束缚来自外部，那他就能反抗，哪怕只是心里不以为然。同样，外部强加的限制可以避免，他可以保留一丝自由的幻象。但是影响更大的是下列因素：承认内在压迫就意味着承认他不是自己的理想化形象那样，并要承受随之而来的一切后果。

有个有趣的问题：这种内在强迫会不会，以及在多大程度上会表现为生理症状？我自己的感觉是，这与哮喘、高血压和便秘有关，但我对此的经验有限。

下面我们要讨论的是，将各种功能的外化与理想化形象对比会得出什么结论。总体上说，外化只是一种简单的投射效果，换言之，从他人身上体验这一点，或者认为他人对这一点负有责任。这两个过程并不必然同时进行。在下面的例子里，我们将不得不重提某些已经提到过的相关内容，也会谈到一些众所周知的东西，但这些内容有助于我们更深入地理解投射的意义。

一位嗜酒的患者A，抱怨情人对自己不够关心。在我看来，这个抱怨并无道理，或者说怎么讲都没有A暗示的那么严重。他自己饱受内心冲突的折磨，外人一眼就能看出来：一方面他听话、脾气好、慷慨大方，另一方面他盛气凌人、待人苛刻、妄自尊大。那么，这里就出现了攻击性倾向的投射。但什么使这种投射成为必要呢？在他的理想化形象里，攻击性倾向只是强人人格理所当然具有的特点。然而，其中最明显的特征则是善良——除了圣·弗朗西斯[1]，就数他最善良，世上更不曾有过他这般理想的朋友。那么，这种投射是在讨好理想化形象吗？一点没错！但同时这也让他在不必觉察到这一倾向存在的前提下，释放自己的攻击性倾向，进而让自己被迫直面内心冲突。有个人身陷无法解决的困境，他无法放弃自己的攻击性倾向，因为该倾向具有强迫性。他也无法抛弃自己的理想化形象，因为他全靠理想化形象的整合避免人格崩溃。投射就是跳出困境的一种办法。所以投射代表着一种无意识的自欺：这让他既能妄自尊大地发号施令，同时又能保留理想友人的形象。

这位患者还怀疑情人不忠。然而没有任何证据证明这一点，而且情人像母亲一样在乎他。实际情况是他自己沉湎于露水姻缘，对此，他守口如瓶。有人可能会觉得，他是因以己度人而生出一种报复性恐惧。当然，这里确实涉及他为自己辩白的需要。考虑可能存在同性恋倾向的投射无助于理清形势，线索在他对自己不忠这件事的独特态度里。他并没有忘掉自己的风流韵事，但回忆时就想不起来了，这些事不再是鲜活的记忆。另一方面，他声称情人不忠，还

[1] 圣·弗朗西斯，1510年出生于西班牙瓦伦西亚附近，幼时起即笃信基督教，并于1670年被封为“圣徒”。圣·弗朗西斯虽然位高权重，但个人生活极为俭朴，且为人谦卑淡泊，故美名远扬。——编者注

说得煞有其事。可见，这是他自身体验的外化。其功能与之前例子里的一样：他既保全了理想化形象，又能让自己顺心。

强权政治，如政治组织、专业团体里所体现的那样，可视为另一种例子。这些手腕的动机往往是有意识地削弱对手的实力，巩固自己的阵地。但其也可能源自与上述例子相同的无意识的困境。在这种情况下，这就是无意识中自欺的表现。这让人能在不伤及理想化形象的前提下施展这种攻击行为中的各种阴谋诡计，同时这还是个绝妙的办法，把对自己的一腔怒火与鄙夷泼到另一个人身上——如果这个替罪羊正好是他最想打击的人，那就更好了。

最后，我想指出一种常见的办法，可以向他人推卸责任，免得自己受苦受累、面对困难。很多父母一旦发现了自己的某些问题，就立刻把问题与自己的童年联系起来，以此解释一切。他们说自己对压迫很敏感，因为他们有个颐指气使的母亲。他们常常感到屈辱，因为童年时自己曾经受辱；他们曾经受伤，所以怀恨在心；他们不合群，因为年轻时他们不被理解；他们禁欲，因为他们被像清教徒那样抚养长大；等等。我并不是指谈话中精神分析医生和患者都要严肃地去理解早先的经历，而是指过于急切地探求童年，只会导致无限的重复，随之而来的是患者对探求当下内心力量严重缺乏兴趣。

虽然弗洛伊德过于强调人生的起点，因而支持患者这一态度，但我们不妨仔细审视一番，这一态度到底有多少是基于真理，又有多少是基于谬误。确实，患者的神经症病情发展始于童年，而且他能提供的所有数据，都与理解已经发生的具体某种病情发展有关。同样，确实他不必对自己患上神经症负责。环境的影响如此之大，以致他无法控制病情的发展。精神分析医生务必要阐明这一点，然后再讨论其他原因。

谬误在于，对于在童年基础上建立的各种内心力量，患者都缺乏兴趣。而恰恰是这些力量在他内心发挥作用，潜伏在眼前的困难之下。例如，童年时他在身边看惯了心口不一的伪君子，这会在一定程度上影响他，让他变得愤世嫉俗。但是如果把自己愤世嫉俗的脾气单单归因于早期经历，他就忽视了当下他这么做的需求。这一需求根源在于，他被多个理想撕裂，不得不将承载的所有价值观一股脑儿抛掉，试图以此避免这种冲突。除此以外，他还常常偏要承担担负不起的责任，而拒绝承担应该承担的责任。他总是提起早年经历，以此劝慰自己：即使他竭尽全力，有些挫折也无法避免。但同时他又觉得自己本可以挺过之前的苦难而毫发无伤，像一朵出淤泥而不染的莲花。这一现象的部分原因在于他的理想化形象，因为理想化形象让他无法容忍自己从过去到现在有任何瑕疵或冲突。但更重要的原因在于，他反复拿童年的事诉苦，以此作为一种逃避自我的特别手段，这让他心存幻想，好像自己很爱自省一样。他外化了这些痛苦，就感觉不到内心起作用的力量；他无法想象生活中的自己是一个积极能动的角色。既然不再是推进器，那他就把自己当作一个球，被朝山下推了一下，便只能不断往前滚，或者说像一只豚鼠，一旦跑起来，就永不能停下。

患者片面强调童年影响，这清晰地表明了他的外化倾向，所以每当发现持这种态度的人，我就猜测他已经彻底疏远了自我，并被驱使着继续不断远离真实的自己。我的这种猜测屡试不爽。

外化的倾向同样影响着梦境。如果在患者的梦境里，精神分析医生成了一名狱卒，或如果患者想进门时，丈夫“砰”地摔上房门，或如果在去十分向往的目的地的路上发生意外或者遇到阻碍，便说明患者在否认内心冲突，将其归因于某个外在因素。

一个倾向于事事外化的患者，会为精神分析增加很多特有的困难。他来找精神分析医生时的心态就像去看牙医时一样，期望精神分析医生能在不触及他本人的同时完成治疗工作。他对兄、弟、妻、友的神经症兴致勃勃，唯独不关心自己的病情。他大谈自己的生活处境何等不易，却不愿审视其中有多少自己的责任。若是他妻子的神经症实际并没这么严重，或者他的工作实际并没那么烦人，他仿佛就会诸事称心。很长一段时间里，他完全没有意识到有些情感力量可能在他心里起作用。他害怕鬼怪、盗贼、雷暴，害怕身边报复心强的人，害怕政治局势，但从不畏惧自己。他最多是出于头脑或艺术上的快感，才会对自己的问题感兴趣。但只要他在精神意义上不存在，他就根本不可能洞察自己真实的生存状态，因此即使再了解自己，他也难有改变。

因此，外化本质上是一种主动自我消灭的过程。其可行性根本上在于与自我的疏离，这种疏离也是神经症病情发展中固有的。自我消灭后，他自然不可能认识到内心的冲突。但是，外化使得患者更爱指责他人，报复心更重，也更吓人，也就把内心冲突转化成了外部冲突。更具体地讲，外化严重恶化了冲突：原本推动整个神经症病情发展的冲突，演变成了个人与外界的冲突。

【三颗钻专家伴读】

第八章

李孟潮

第八章是霍妮全书结构最清晰的一章，她在第一段首先对人格障碍者的心理动力做了一个总结，总共分为四个方面：第一，“如我们可见，他会努力将冲突的一方面扶植为主导。但他依然是撕裂的”；第二，“他会寻求极端方法将自己与他人完全隔离开来，虽然冲突不再起作用，但是他的整个生活却站在了悬崖边”；第三，“他炮制出一个理想化的自我，自我感觉内心统一、无往不利，但同时又制造了新的裂痕”；第四，他还会使用七种其他防御方法，来固化上述三方面的人格结构。这六种方法分别是：盲点法、分隔法、合理化、过度自控、自以为是、闪烁其词或者回避晦涩、愤世嫉俗。

霍妮分别描述了这七种防御方法的表现，她把它们称为保护体系，在今天，这个多种防御方法组合形成的结构叫作“防御从”，而霍妮总结的作为辅助的几种防御机制，今天已被美国心理学家杰瑞姆·布莱克曼发展为了101种，具体可见其著作《心灵的面具：101种心理防御（第二版）》（华东师范大学出版社，2021）。这些防御从形成的人格特征，被当今的精神分析师科恩伯格称为人格组织（personality organization)，霍妮描述的人格结构比较符合科恩伯格所说的边缘人格组织。

而霍妮所说的把冲突的一方面扶植为主导，由此造成了人格撕裂，今天称为分裂。分裂之后，如果把“坏客体”投射给别人，容易造成一个人孤立和隔绝的状态，但如果把“好客体”投射给别人，是不是就不会孤独呢？其实也不是这样。“好客体”投射的时候，一个人也没有真正看到对方，真正地了解对方，他喜欢的只是对方符合他幻想的地方，一旦发现对方不符合幻想投射，对方就可能变成“坏客体”。而人类的爱，无论亲情、友情还是爱情，都依仗于真实看见、全面接纳，无论好坏，照单全收。

霍妮在此还提出理想化形象有助于消除孤独的自成一体、自我圆满的状态。但它还是有分裂，这时候的分裂，是理想自体和现实自体的分裂，理想的我可能是无所不能、无比可爱的，它可能贬低和攻击现实的我，而现实的我总是有无能的、不可爱的地方，这种情况就可能产生“我不配”的感觉——这在今天被称为“冒名顶替综合征”，在自恋型人格障碍、回避型人格障碍、边缘型人格障碍等心理障碍中，都容易观察到。[1]

---

[1] 症状、综合征、疾病，这三个词是医学诊断中分级的术语。症状是单一的躯体表现，比如发热，就是一个症状。综合征是多个症状的组合，比如发热＋流鼻涕＋打喷嚏，我们可以称为风寒综合征，综合征不一定是疾病，比如受风寒了不一定感冒，感冒了不一定是肺炎。而要诊断一个疾病，除了具有综合征，还需要其他诊断标准。心理障碍的诊断，还是以《DSM-5》的诊断标准为依据。人格障碍的诊断，可以使用一个量表，叫作“人格障碍评估问卷”（PDQ-4+, The Personality Diagnostic Questionnaire-Version 4），这是一个自我评估的问卷，它的问卷设计本质上就是把人格障碍的诊断标准做成了问答题。

第八章
实现伪和谐的辅助方法

有一种司空见惯的事，那就是一个谎言往往引出另一个谎言，而第二个谎言又需要第三个来圆谎，以此类推，直到说谎者被困在一团乱麻的谎言中，被人逮个正着。在个人生活或集体生活中，只要缺乏遇事刨根问底的决心，上述这种事情便必然会发生。简单糊弄或许会有好处，但也会引发新的问题，需要设法应付。神经症患者回避基本冲突的尝试也是如此。同样，要想解决冲突，引发根本问题的因素必须得到显著改变，舍此别无他途。而神经症患者则会身不由己地假装解决了前一次假装解决问题时遗留的问题。如我们可见，他会努力将冲突的一方面扶植为主导，但他依然是撕裂的。他会寻求极端方法将自己与他人完全隔离开来，虽然冲突不再起作用，但是他的整个生活却站在了悬崖边。他炮制出一个理想化的自我，自我感觉内心统一、无往不利，但同时又制造了新的裂痕。他尝试在这个“战场”上消灭内心的自我，以此消除裂痕，最终却发现自己的处境更为艰难。

如此不稳定的平衡状态仍须得到进一步支撑。于是，他转而在一系列无意识策略中寻求帮助，这些策略可以分为盲点法、分隔法、合理化、过度自控、自以为是、闪烁回避，还有愤世嫉俗。下面我们不会一一讨论这些现象，因为这个任务太重了，我们只会描述患者是如何运用这些手段应对冲突的。

神经症患者的真实行为与理想化自我形象之间的鸿沟之大，让人怀疑是否还能指望患者看清自己，而他却始终意识不到眼前的矛盾。这些极其明显的矛盾却恰恰是其视野的盲点，这一点正是首先吸引我注意的事情之一，使我发现了前述诸多冲突的存在和关联。例如，有一个患者，具有屈从型人格者的所有特征，并且把自己想象得和基督一样，他曾随口跟我说，在员工会议上他常常想稍稍动动拇指，用枪把同事们一个个打死。确实，破坏欲当时无意识地引发了这种关于屠杀的想象，但关键在于枪击，即他戏称的"玩玩"，丝毫不曾动摇他那基督模样的自我印象。

另一个患者是一位科学家，他相信自己对工作全神贯注、一丝不苟，认为自己是所在领域的开拓者，但是在选择要发表的作品时他完全持机会主义态度，只提交自己觉得会博得最多赞许的那些。他对此毫不掩饰，只是和上一个例子中的患者一样健忘，自我陶醉，对其中的矛盾视而不见。同样，有个男子的理想化形象里，他自己就是真与善的化身，却毫不在乎自己从一个姑娘那里捞钱，给另一个姑娘送花。

显而易见，在这些例子里，盲点的作用就在于保证掩藏的冲突不上升到意识层面。令人惊讶的是这一现象影响的人群范围之大。

此外，受观察的患者不但有文化，而且有心理学知识，这一点更叫人称奇。如果说我们都习惯对不在乎的事物视而不见，那这个解释实在难以服人。还要指出，我们故意遗忘某事的程度，取决于遗忘会带给我们多大好处。总而言之，这种伪盲点以极为简单的方式表明，我们是多么不想正视冲突。但这里真正的问题在于，如前面例子所示，我们如何能够忽视如此明显的矛盾。事实上，只有具备了某些特定条件，这一现象才可能发生。条件之一是对自身情感体验的极度麻木。另一个条件如斯特雷克[1]指出的那样，则是生活在“隔舱”里。斯特雷克也曾指出盲点的存在，这里他指的是逻辑严密的分门别类及区别对待：这一类是朋友，那一类是敌人；这一组是家人，那一组是外人；这一群是工作关系圈，那一群是私人生活圈；这一圈是社会地位平起平坐的人，那一圈是地位比我低的人。因此，在神经症患者看来，在一个圈子里发生的事，与另一个圈子里发生的事并不会矛盾。只有一个人因为精神冲突而丧失了内心的统一感，他才会这样活着。因此，分隔是内心冲突导致分裂的结果，也是避免自己发现冲突的防御机制。这一过程与前述理想化形象的例子并无不同：矛盾依然存在，但冲突神秘消失了。至于理想化形象与分隔法之间的因果关系，则很难确定。然而，似乎人以群分的行为更为基础，在其影响下才产生了那样的形象。

要评价这一现象，就必须考虑文化因素。人在很大程度上已经沦为精致的社会制度里的一个小齿轮，与自我的疏离几乎比比皆

[1] 斯特雷克，已引用。

是，而人本身的价值则日渐式微。我们的文明中无数刺眼的矛盾，使得人们的道德感普遍日渐麻木。人们对道德标准等闲视之，例如，如果一个人有时像一位虔诚的基督徒或者尽职的神父，改天则又像个流氓地痞，但没人对此大惊小怪。[1]当然我们周围也有少数人心智健全、人格统一，与我们自身的分裂状态形成对比。在精神分析中，弗洛伊德摒弃道德判断的风格——他将心理学视为自然科学，由此出现这样的结果——使得精神分析医生像患者一样，对这类矛盾视而不见。精神分析医生认为，持有道德判断，或对患者的道德价值观有任何兴趣是“不科学的”。实际上，对矛盾的接纳可见于诸多理论体系，而并不必然局限于道德范围。

合理化可以被定义为用论证来自欺。对此通常的理解是，合理化主要是用于自我辩护或者为自己的动机、行为寻找符合公认思想观念的解释，这一观点只在一定程度上是正确的。这里的含义在于，按理说，同一文明中生活的所有人，都根据相同标准来合理化，而实际上，对哪些事物采用何种方法加以合理化，都有着巨大的个人差异。只有当我们把合理化视为神经症患者营造伪和谐的一种辅助方法时，这种情况才是理所当然的。在基本冲突周围建起的防御性结构的每一块木板上，我们都能看到这一过程在进行着。主导性心态得到论证的强化，那些会让人看到冲突的因素则被最小化了，或者被粉饰一番，与主导性心态匹配得天衣无缝。这种自欺欺人的论证如何有助于整合人格，体现在屈从型人格与攻击型人格的

[1] 林语堂，《啼笑皆非》，约翰·迪出版社，1943年。

对比中。即使有强烈的支配欲，前者还是将其助人的欲望归因于他的同情心，如果支配欲实在太明显，那他就将其合理化，称之为牵挂。而后者，当他热心助人时，他严词否认怀有任何同情心，而将其完全归为权宜之计。理想化形象总要有大量的合理化支撑：真实自我与理想化形象之间的差距必须通过论证来抹平。在外化中，合理化则被用于证明外部环境与此相关，或者是表明个人无法接纳的品质只是他人行为引起的“自然”反应。

过度自控倾向之强，让我一度将其视为根源性神经症倾向之一。[1]其功能在于像堤坝一样防止矛盾的情感如洪水般泛滥。虽然最初自控往往是受有意识的意志力支配，但经年累月之后，它就常常或多或少成了自动反应。这样，自控的人就绝不允许自己被情绪冲昏头脑，不论这种情绪是热情、性激情、自怜还是怒火。在精神分析过程中，这类人最难轻松结交。他们不许自己借酒怡情，而且常常宁可忍受痛苦，也不接受麻醉。简而言之，他们试图遏制一切本能反应。这种特质最强的人，往往其内心冲突已十分明显，且没有采取常规手段掩盖。冲突的态度中，任何一方都未明显占据主导地位，其人也尚未孤僻到足以保证冲突不起作用。这样的人完全依靠理想化形象将自身人格捆在一起。很明显，若不采用某种建立内心统一性的主要手段加以辅助，其约束力并不足以避免人格崩溃。理想化形象如果包含了相互矛盾的成分，就会变得尤其别扭。于是，患者就有意识或无意识地需要意志力来保证冲突的冲动得到控

[1] 卡伦·霍妮，《自我分析》。

制。因为最具干扰性的冲动就是怒火激起的暴力，所以他投入了最多的能量来控制怒火。这样，一个恶性循环就开始了：怒火因为被压抑，便积累起爆炸般的力量，反过来就需要更强的自控来加以遏制。如果患者意识到自己过度自控，他会以“文明的个人都有必要具有自控的美德”来辩解。但他忽视了的是自制的强迫性本质。他情不自禁地这么做，方式极其僵化，如果自制由于任何原因不起作用了，他就会被恐惧裹挟。这种恐惧可以表现为担忧自己发疯，这清晰地表明自控的作用在于防止人格分裂。

自以为是具有双重作用，即消除内在的怀疑和杜绝外来的影响。怀疑与犹豫总是因未解决的冲突而形影不离，所以才有足以瘫痪一切行动的能量。在这种情况下，人自然易受外部影响。如果我们真的信念坚定，就不会轻易动摇。但如果我们整个人生走到了十字路口，何去何从悬而未决，那么至少此时，外部的因素便举足轻重。不只如此，犹豫不决不只会影响对行动方向的选择，还包括自我怀疑，怀疑自己的权利、价值。

所有这些不确定因素都会减损我们打理生活的能力。然而，人们对这些因素的忍耐力显然并不相同。一个人越是把生活看成一场无情的战争，他就越会把怀疑视为可怕的缺点。他越是孤立，越是强调独立，他易受外界影响的特点就越容易激怒他自己。我所有的观察工作都指向这一事实：以攻击性倾向为主导，兼具孤僻型特征的人格，是滋生僵化的紧张状态最好的沃土。攻击性驱动力越是快要浮出水面，这种紧张状态就越是枕戈待旦、不敢松懈。这种方法喊口号般武断地宣称某人永远正确，企图以此一劳永逸地解决冲突。在一个由理性如此统治的制度下，情绪是内部的叛徒，因此必须以毫不动摇的控制手段加以扼制。这样或许能获得平静，但这是坟墓里的平静。可以预见，这样的人憎恶精神分析，因为它是一种威胁，会打乱整洁有序的表象。

与僵化的紧张状态相对的另一个极端是回避，但它同样能有效防止自己发现冲突。惯用此类防御机制的患者常常就像童话里那些人物，如果被追捕，就会变成一条鱼；如果这种伪装不安全，就会变成一头鹿；如果猎人追上来了，他们就像鸟一样远走高飞。他们绝不把话说死，会否认曾经说过某些话，或向你保证当时并无那种意思。他们有一种令人困惑的能力，让事情变得云山雾绕。他们通常不会就任何事务给出具体的反馈，如果不得不试着如此，聆听者最终也弄不清到底发生了什么。

同样的迷雾也笼罩着他们的生活。他们此刻心思恶毒，转眼就心怀同情；待人时而思虑过周，时而冷酷无情；有些方面颐指气使，其他方面又自我磨灭。他们寻找支配欲强的伙伴，最终却把其伙伴改造成了“哈巴狗”，然后又开始寻找下一个。对人态度不好之后，他们又会满心懊悔，设法补救，然后觉得自己被当作傻瓜，又开始暴虐起来。对他们而言，没有什么是真切的。

精神分析医生往往会深感困惑沮丧，感觉没有什么素材可以分析。这就错了。这些病人只是没能成功地采用常见的人格统一手段而已：他们既没能压抑冲突的一部分，又没能树立起确切的理想化形象。从某种意义上看，可以说他们展示出了这些方法的价值。因为不论结果如何麻烦，这样做的人，其人格结构有所优化，而不再像回避型人格那样完全茫然无措了。另一方面，精神分析医生同样会误以为这个病例容易治疗，因为冲突已经显现，无须他再从蛛丝马迹中寻找。然而，他会发现自己遇到了麻烦。患者千方百计不愿把问题看透厘清，这会让精神分析医生有挫败感，除非他能明白这一点：这种不情愿本身，就是患者自己的一种手段，拒绝任何人真正深入分析病情。

阻止自己发现冲突的最后一道防线是愤世嫉俗，即拒绝承认道德价值观，并百般嘲讽。不论患者如何教条地坚持其可接受的标准的特定方面，对道德方面深刻的不确定性都必然存在于每个神经症患者心中。虽然愤世嫉俗的根源不同，但其作用总在于拒绝承认道德价值的存在，从而让神经症患者免于被迫看清自己到底信仰什么。

愤世嫉俗可以是有意识的，随后成为马基雅维利主义者的传统并以此自我辩护。重要的只是表象。只要不被人抓到，你就可以随心所欲。除了蠢驴，剩下的都是伪君子。这类患者可能对精神分析医生使用“道德”这一术语十分敏感，而且与当时的场景无关，就像弗洛伊德时代那些人对提到“性”这个词时的反应一样。但愤世嫉俗也可能停留在无意识层面，并由迎合主流思想的花言巧语层层包装。愤世嫉俗支配着一个人，而他对此一无所知，但他的生活方式、对生活的言语谈吐都会暴露出他践行着愤世嫉俗的原则。或许他会不明智地被卷入矛盾冲突，就像他一方面信奉做人要诚信体面，另一方面又羡慕那些满腹鬼蜮伎俩的人，还痛恨自己无法“摆脱”这些伎俩。在治疗中，重要的是要选择恰当时机，让患者全面认识到自己的愤世嫉俗，然后帮助他理解这一现象。或许，也有必要向病人解释为什么要建立他自己的价值体系。

上述即围绕基本冲突核心而建立的防御机制。为简便起见，我将整个防御机制称为“保护体系”。各种防御手段组合起来，在每个神经症患者心中形成体系。通常这些手段全都存在，只是活跃程度各不相同。

第二部分

未解决的冲突引发的后果

【三颗钻专家伴读】

第九章

李孟潮

这一章霍妮进一步叙述防御三部曲——觉知防御、分析防御、用好防御——的第二步骤，分析防御。

我们知道，分析防御机制时，要分析某个防御机制的来龙去脉，也就是这个防御机制是怎么来的。霍妮认为，大多防御机制都是在防御各种恐惧情绪。她描述了三种恐惧的现象。她首先举例说明，比如说一个人通过伪装，步步高升，而其内心却恐惧失去自己拥有的一切，这种恐惧来自一种中年人的恐惧，也被称为“中年危机”。

然后她又描述了第二种恐惧，即恐惧心理失衡，具体体现为恐惧自己发疯，乃至于恐惧精神分析让自己生活失衡。

第三种恐惧则是害怕暴露、害怕被人看穿，这种恐惧在前一章的伴读中也有提到，就是“冒名顶替综合征”。德国治疗师米夏艾拉·穆逖兮就此写了一本很好的自助手册，书名就叫《冒名顶替综合征》。这种“冒牌货的恐惧”进而又演变成考试焦虑、表演焦虑、羞耻感和害羞。为了防御这一系列的负面情绪，个案发展出了远离他人的生活风格。

霍妮在本章末尾处充满洞见地总结道：“害怕改变其实是害怕事情会变得更糟，换句话说，就是害怕失去自身的理想化形象，变成已经被拒绝的自我，变得和别人一样，或被精神分析掏空灵魂，只剩躯壳。害怕未知，害怕被迫放弃既有的安全机制与满足感，尤其害怕追逐那些自称能带他解脱的鬼影。最终，患者会害怕无力改变。”

霍妮敏感地意识到，对于有些人来说，应该从情绪入手，开始分析工作。今天我们比较明确的是，所谓“用好防御”这一块，也就是增强自我功能，而自我功能，体现出四大功能：情绪-思维、感知觉-直觉。情绪-思维相反相成，感知觉和直觉也是一样。如果我们从情绪-思维入手，增加个案的自我功能，那么首先使用的就是认知行为疗法和情绪聚焦疗法的技术。

第九章
恐惧

在探索任何神经症问题的更深层次意义时，我们很容易在复杂的迷宫中失去方向。这没什么不正常，因为我们不能指望能够在理解神经症的同时回避其复杂性。不过，我们如果时时以旁观者的角度观察，以此找回我们的大局观，就会有所助益。

我们已经一步步追踪了保护体系形成的过程，也已经看到了一个个防御机制是如何建立起来，最终形成相对稳定的机制的。其中给我们留下最深刻印象的，是这一过程耗费的巨大精力，让我们不禁要问，到底是什么驱使着一个人沿着如此坎坷的路走下去，让他愿意付出如此巨大的代价？我们自问，到底是什么力量让这一体系如此僵化、难以改变？整个过程的动力难道仅仅是对基本冲突破坏力的恐惧吗？通过类比，我们或许可以找到较为清晰的答案。和其他任何类比一样，这里用于对比的事物并非完全相同，因而只能在最宽泛的层面进行比较。假设有个人的历史不甚光彩，靠着装腔作势混进了一个社群，那他当然会生活在过去面目被人揭穿的恐惧下。随着时间的流逝，他的处境转好，结交了一些朋友，坐稳了某个职位，组建了自己的家庭。他珍惜自己的新环境，也就不由得生出新的恐惧，害怕失去这一切美好的事物。他为自己受人尊敬而感到骄傲，这份骄傲使他远离了不堪的往事。他为慈善事业，甚至为老熟人大笔捐款，想以此抹去旧日的痕迹。与此同时，他的人格发生变化，使他陷入新的冲突，结果，他靠伪装最终获得了新生，可新生活却成为他内心紊乱状态中的一股暗流。

所以，在神经症患者建立起来的体系里，基本冲突依然存在，只是已经改头换面：在某些方面有所改良，在其他方面则有过之而无不及。然而，基于这一过程内在的恶性循环，随之而来的冲突就更为紧迫。使冲突更为尖锐的是这样一个事实：每个新的防御阵地都进一步损害了他与自己、与他人的关系——如前所见，这都是滋生冲突的土壤。不只如此，新的元素，不论用何种幻象加以包装（爱情或成功，已经形成的疏离或已经建立的形象），开始在其生活中发挥着重要的作用。因此，对另一套秩序的恐惧应运而生，害怕某个事物会有损这些财富。一直以来，他不断疏远自我，使自己越来越无力去提升自我、摆脱困境。惰性乘虚而入，取代了方向明确的成长。

这一保护体系高度僵化，所以也高度脆弱，进而会引发新的恐惧。其中之一便是担忧其平衡会被打破。这一体系虽然能带来一种平衡感，但这种平衡极不稳定。患者本人的意识层面并不知道这一威胁，但他能以多种途径情不自禁地感受到。经验已经教会他这一点：在毫无准备的情况下，他随时可能莫名其妙地冲破保护体系，或怒发冲冠，或兴高采烈，或垂头丧气，或疲惫不堪，或浑身不自在。这些经历加在一起，让他感到不确定，感觉无法完全靠自己立足，如履薄冰。此外，他内心的不平衡也可能表现在走路等姿势上，或者表现为在任何要求肢体平衡性的活动中缺乏技巧。

这种恐惧最具体的表现在于对自己发疯的恐惧。这种恐惧到达一定程度后，就会成为最主要的症状，驱使患者寻求精神医学上的帮助。在这种情况下，患者会有冲动去不负责任地做各种“疯狂”的事情，这些事情本质上大多是有破坏性的。而他又会压抑这种冲动，这就必然产生恐惧。然而，对发疯的恐惧并不意味着这人会真的发疯。通常这种恐惧转瞬即逝，且只会在极度痛苦时出现。其刺痛最深之处，在于对理想化形象的一场突然袭击，或者说是不断累积的紧张状态（最常见的原因是无意识的狂怒）使得过度自控遭遇威胁。例如一位女士，相信自己既镇定又勇敢，但当她身处困境，感到忧虑无助或暴怒不已时，她就会立刻惊恐万分。她的理想化形象，原本像一道钢箍把破碎的人格束在一起，此刻却突然崩裂，让她独自担心人格会碎一地。我们已经谈到，孤僻型人格者被从避难所里拽出来，不得不与人近距离接触时，一种恐惧会笼罩着他——比如不得不参军或与亲戚住在一起。这种恐惧也可以表现为对发疯的恐惧，在这种情况下，事实上精神病会进入发作期。在精神分析中，当患者费尽千辛万苦构建起来了内心的伪和谐，却突然发现自己分裂了，那么类似的恐惧也会出现。

无意识的怒火加剧了对发疯的恐惧，这种情况最为频繁，可见于精神分析中：当这种恐惧已经退去，残留的痕迹变成忧虑，驱使他不能自已时去骂人、打人，甚至杀人。于是，他会害怕在睡着后或在酗酒、麻醉以及性激情的影响下犯下暴行。一方面，这种怒火本身可能是有意识的，也可能以挥之不去的暴力冲动这一形式出现于无意识层面，与任何影响无关；另一方面，它也可能是完全无意识的——在这种情况下，患者只觉茫然的恐惧从天而降，并可能伴有流汗、头晕或者眩晕恐惧的症状，这表明他内心深处对暴力冲动可能失控的恐惧。这种无意识的怒火外化后，患者可能会害怕雷暴、鬼魂、窃贼、蛇等，也就是说，害怕他身边一切潜在的破坏力。

但是，对发疯的恐惧毕竟相对少见。表现得最为明显的，则是对心态失衡的恐惧。通常，这种恐惧会以更隐蔽的方式发挥影响。它看起来模糊不清，会被日常生活里的任何改变激化。受它支配的人，若要出门、搬家、跳槽或者雇新用人等，就会深感困扰。他们会尽可能避免这种改变。改变对稳定的威胁可能是导致患者回避精神分析的一个因素，尤其是患者已经找到了一种让他感觉良好的生活方式。讨论精神分析是否明智时，他们真正面对的问题乍一看很合理：精神分析会不会把他们的婚姻连根拔起？会不会让他们失去工作能力？会不会让他们易怒？会不会干涉他们的宗教信仰？我们会看到，这样的问题部分取决于患者的绝望，他觉得这样冒险不值得。但他的顾虑背后还有一层忧虑：他希望别人能保证精神分析不会打破自己的平衡。在这种情况下，我们有把握认为这一平衡极为微妙，所以这次分析将很难开展。

精神分析医生给得了患者他要的保证吗？不，医生给不了。每次分析都必然让人一时心烦意乱。然而，精神分析医生可以做到的是，对这些问题追根溯源，向患者解释他到底怕的是什么，并告诉他精神分析医生会打破他现有的平衡，但这会让他有机会建立根基更为稳固的新平衡。

保护体系引发的另一个恐惧是害怕暴露。其根源在于维护、发展这一体系所涉及的很多伪装。未解决的冲突有损其德行，这可以用来描述这些伪装。为此，我们只需指出，神经症患者对人对己都看起来与其真实形象不同——更和谐、更理性、更慷慨、更强势或更无情。暴露在自己面前和暴露在他人面前相比，很难说患者到底更害怕哪个。在意识层面，他更在意的是他人，他越是外化这种恐惧，就越焦虑，怕被人看穿。他会说这种情况下，他的自我认知并不重要，只要外人不知道，他就能自己发现问题，自己加以控制。虽然事实并非如此，但这确实是他意识到的感觉，并且显示出他的外化程度有多大。害怕暴露可以表现为患者模糊地觉得自己在虚张声势，这一恐惧也可能与某种特质有关，这一特质与真正困扰患者的问题则关系甚远。有的人会害怕自己不够聪明、不够能干、不够有教养、不如自以为的那样有魅力，转而害怕某些其性格中实际不具备的品质。所以有个患者回忆说，他进入青春期后，总害怕自己在班里第一的位置完全是靠着故弄玄虚得到的，这种恐惧挥之不去。每次转学他都会认定这下要被逮住了，即使他再次名列前茅，这种恐惧也阴魂不散。他的心绪让他困惑，但他却始终找不到原因。他看不透自身问题所在，因为他的思路与实际情况南辕北辙：他害怕暴露完全与智力无关，只是被转移到了这方面而已。实际上，真正影响他的是，他无意识地伪装成一个不在乎成绩的好小伙，内心却受强烈的破坏性需求困扰，总想去打败别人。这一幻象相应地泛化了。对被当成骗子的恐惧总是与某些客观因素相关，但通常与其自认为有关的因素不同。其症状突出表现为脸红或害怕脸红。由于患者害怕被戳穿的是无意识的虚伪，如果精神分析医生没有发现患者害怕被发现的事物，便转而想要发现患者感到屈辱，故而加以掩盖的经历，那么他就大错特错了。实际上，患者可能并未隐藏任何这种经历。随后，患者便越来越害怕自己有什么严重的缺点，潜意识里便不愿揭露它。这种局势诱导其自我审视、自我谴责，并不会产生建设性成果。他可能会进一步细说自己的风流韵事或者破坏性冲动。但只要精神分析医生没有认识到患者陷于冲突之中，而他自己也只是注重解决冲突的一个方面，那么患者对暴露的恐惧就会依然存在。

对神经症患者而言，任何情境只要意味着考验，就会激起他对暴露的恐惧，包括新入职、新交友、新入学、参加考试、参加聚会或者哪怕是参加讨论这种会让他露脸的活动。患者在意识层面以为自己害怕失败，实际上却与暴露有关，因此也就无法以成功来缓解。患者只是觉得自己这次“侥幸过关”，但下一次呢？万一失败了，他只会更加相信自己素来名不副实，这次总算被逮住了。这种感觉引起的一个结果便是害羞，特别是在任何新的场合。另一个结果便是，受人喜欢、得人赞赏时，患者会变得警惕。这样的人会有意识或无意识地认为：“现在他们喜欢我，但是如果他们了解了真正的我，就不会这样了。”自然，这种恐惧对精神分析有影响，毕竟分析的具体目的就是“探求”。

每一种新的恐惧，都需要一套新的防御机制。为抵御对暴露的恐惧而建设的防御机制，则分属相反的类别，并取决于整个人格结构。一方面，患者有一种回避各种测试的倾向，如果无法回避，那他就倾向于留有余地、自我控制、戴上别人看不透的面具；另一方面，患者在无意识中努力伪装得更为完美，不必再担心暴露。后一种心态不只是防御，攻击型人格者也会运用华丽的伪装影响自己想要利用的人。任何想要质疑他们的人，必将遭遇狡猾的反击。我这里指的是公开的虐待狂。后面我们会看到这一特质是如何融入整个结构的。

回答了这两个问题后，我们应该就能理解对暴露的恐惧：他害怕被揭穿的是什么？以及，如果他暴露了，他害怕的是什么？第一个问题我们已经回答了。为了回答第二个问题，我们必须先处理源自保护体系的另一个恐惧，即害怕被无视、被羞辱、被嘲讽。尽管这一摇摇欲坠的体系是平衡被打破的主要原因，且各种无意识的伪装滋生了对暴露的恐惧，但对羞辱的恐惧则来自受损的自尊。我们已经从其他角度触及了这一问题。制造理想化形象、外化行为都是在努力修补受损的自尊，但如前文所述，二者只能带来更深的伤害。

如果我们鸟瞰全局，看一看神经症病情发展过程对自尊有何影响，就会看到两对此消彼长的关系变化。虽然真实的自尊水平下降了，但一种脱离现实的骄傲感却越来越强——为自己如此优越、如此进取、如此特别、如此无所不能或如此无所不知而骄傲。在另一对此消彼长的关系中，我们可以发现神经症患者的真实自我不断矮化，而他人的形象不断膨胀，像巨人的塑像一般。压抑、约束、理想化和外化侵蚀了大部分自我，个人无法看到真实的自己，觉得自己几乎就是一个缥缈的影子。与此同时，他既需要他人又畏惧他人，使得他人在他眼中不但更为可畏，也更为必需。因此他自己的重心就更多地落在了他人而非自己身上。于是患者会向他人让步，将原本自己理所当然的权利转让给他人。其效果即过度重视他人对自己的评价，而轻视了自我评价。这使得他人的意见具有了压倒一切的影响力。

上述各种心理活动综合起来，会导致神经症患者面对他人的无视、羞辱、嘲讽时极度脆弱。每个神经症患者都有这些心理活动，所以患者在这些方面的超敏感状态也最为常见。如果认识到了对被无视的恐惧有很多来源，我们就会发现，别说根除这种情况，哪怕只是缓解都绝非易事。它只可能随着整个神经症病情的好转而好转。

总而言之，这种恐惧的结果是：神经症患者会带着敌意远离他人。但更重要的是，这种恐惧彻底剪断了患者希望的翅膀。他们不敢寄予他人任何期望，不敢给自己设定任何高远的目标，也绝不敢接近看起来更高贵的人。即使真的有益，他们也不敢发表意见；即使有创造性才华，他们也不敢展露；他们不敢展露魅力，不敢给人留下印象，不敢谋求更好的职位，如此种种。一旦遇到这些方面的诱惑，他们便生怕受人嘲讽，便被迫退缩，偏安一隅以保留自尊。

比上述恐惧更难觉察的，是上述所有恐惧及神经症病情发展中其他各种恐惧的浓缩版，即害怕自己的任何改变。患者抵触一切会改变自己的想法，主要会表现出两种极端态度：或者让整件事变得云山雾绕，感觉改变会在未来某个令人目眩的瞬间奇迹般发生；或者急于求变，但其实尚缺乏理解。第一种情况下，他们有这样的念头："浅尝辄止地发现问题或者承认不足就够了。"可要想实现自我，他们就必须真正地改变自己的心态和动力，一想到这一点，他们就感到震惊、不安。他们总能看到这个观点是正确的，但总又无意识地抵触它。相反的姿态则是无意识中假装改变了。这在一定程度上是一厢情愿的想法，来自患者对自身任何瑕疵都无法容忍的态度，但这也取决于其无意识的全能感，仿佛想让困难消失的念头，便足以将其驱散。

害怕改变其实是害怕事情会变得更糟，换句话说，就是害怕失去自身的理想化形象，变成已经被拒绝的自我，变得和别人一样，或被精神分析掏空灵魂，只剩躯壳。害怕未知，害怕被迫放弃既有的安全机制与满足感，尤其害怕追逐那些自称能带他解脱的鬼影。最终，患者会害怕无力改变。我们之后讨论神经症患者的无助感时，可以更好地理解这种恐惧。

所有恐惧都源自未解决的冲突。但只要最终目标是整合人格，我们就不得不直面这些恐惧。此外，这些恐惧也会阻碍我们面对自我。这些暂时的苦难，是我们得救的必由之路。

【三颗钻专家伴读】

第十章

李孟潮

霍妮试图在这一章描述未整合的心理冲突可能造成的严重后果——人格贫瘠或者说人格衰竭。她描述了人格贫瘠的多个方面，不过在行文过程中她又穿越回了之前的话题——分析防御方式了。[1]

让我们首先来看看她描述的人格贫瘠或者说人格衰竭的几种表现：1）虚耗精力；2）一事无成；3）做事一根筋。其后，她再次笔锋一转，又回去论述虚耗精力的三种表现：1）犹豫不决；2）效能感差；3）缺乏活力或者说怠惰。此时她又回到了人格贫瘠的第四个重要表现——道德不成熟，它具体表现为道德分裂；自我中心；“假装”——假装付出爱，假装善良、无私，假装对别人有兴趣，假装生病正在受苦受难；无意识的自负；无法落实自己的道德准则（言而无信，因为言而无信，所以这个人无法真正负责，也就难以实现道德承诺）。

霍妮在本章最后再次提出了对精神分析设置的质疑，弗洛伊德认为

[1] 为什么从弗洛伊德、荣格到霍妮，写文章都会绕来绕去呢？最直接的原因可能是他们属于临床心理学家和流行心理学家，他们面对的读者不是看统计学报告的学院心理学家。比如荣格的英文版文集，有一卷是实验心理学的，里面充满了各种图表和统计学数据，那些文章就不存在“绕啊绕”的问题。但在面对临床个案的时候，我们会发现，人类的心理显然不是数学、逻辑和思维可以表达的。单是我们的自我，就有情绪-思维、感知觉-直觉四大功能，仅仅使用思维和理性，显然无法探索无意识的全部。这种“绕啊绕”，往往就是写作过程中，作者的直觉功能被激活了。

精神分析需要悬置道德判断，这样个案才能自由地联想，自由地发言，无意识中潜伏和被压抑的各种不道德的欲望才能浮现出来。后来很多分析师对个案也都坚持了不进行道德判断的态度。但霍妮在本书中对这一点多次质疑，认为分析师还是应该对个案的道德进行工作的。而霍妮之前的荣格和荣格学派，对此也有自己的见解。虽然如此，今天的绝大部分心理治疗师，仍然不会把自己的道德理想和道德诉求强加给来访者，连告诉个案自己的私人道德原则是什么的心理治疗师都很少。

不过，心理医生的确也应该协助个案了解道德，比如心理学家柯尔伯格就提出了道德判断能力的发展有三种水平、六个阶段的理论。三种水平，即前习俗水平、习俗水平、后习俗水平。其中每种水平又有两个阶段，共六个阶段：1）惩罚与服从阶段；2）手段性相对主义阶段；3）人与人之间的阶段；4）维护权威或秩序阶段；5）社会契约阶段；6）普遍的道德原则阶段。霍妮好像认为个案们大多处于前四个阶段，希望个案们可以发展到后面两个阶段。

第十章 人格衰竭

考虑未解决的冲突造成的后果，就像走进一个看起来无边无际、人迹罕至的国度。或许我们可以着手讨论某些紊乱症状，如抑郁、酗酒、癫痫、精神分裂，以此为切入点，从而更好地理解特定障碍。然而，我更愿意从更为广阔的视角加以审视，并提出这个问题：未解决的冲突会怎样影响我们的精力、人格的完整、生活的幸福？采用这种方法，是因为我对这一点深信不疑：要想了解任何紊乱症状的影响，我们必须先理解其根本上的人性基础。现代精神病学有这样一种趋势，即常常急于寻找理论依据治疗现有的综合征，从临床医生的角度看，这样做理所当然，毕竟治病就是他们的工作。但这种方法不甚可行，更不科学，就像建筑工程师还没打地基就先建起房子的顶楼一样。

我们的问题涉及的部分因素已经在上文提及，这里只需要进一步细化。另外一些因素则隐含在字里行间，还有一些尚未提及。我们的目标不是笼统地告诉读者“未解决的冲突有害”，而是要十分清晰、全面地向读者展示其对人格的摧残。

带着未解决的冲突生活，首先会严重虚耗精力，而虚耗精力的不只是冲突本身，也包括为消除矛盾而做的无尽努力。一个人的精神如果从根本上分裂了，他就无法全身心投入任何一件事里，而总是想追求两个或更多互不相容的目标。这就意味着，他要么会分散自己的精力，要么会不断搬起石头砸自己的脚。出现前一种情况的人，如培尔·金特那类人，其理想化形象诱使他们自信能够事事胜人一头。例如，一位女士想成为理想的母亲和完美的家庭主妇，衣着得体，政治、社会地位显赫，身为妻子尽职尽责，有点婚外的风流韵事，工作也硕果累累。毋庸赘言，这实在不切实际。她必然一无所成，而她的精力——不论她先天有多少潜力——都会被浪费。

互不相容的动机彼此阻碍，导致某种追求无法实现，这种情况总体上更为常见。一位男士可能想做一个好朋友，但却又颐指气使、苛求于人，以致他成为别人好友的潜质永远无法转化为现实。另一个人希望自己的孩子出人头地，但他内心恋权的驱动力和顽固的紧张状态不断干扰着他。还有人想写本书，但每当词不达意，他就会感觉头痛欲裂或者精疲力竭。在这种情况下，罪魁祸首还是理想化形象：既然是大思想家，为什么他不能文思泉涌、妙笔生花？一旦落笔难言，他便被自己激怒了。另一些人或许有货真价实的主意想在会上介绍，可他不但想令人印象深刻、使别人相形见绌，还想讨人喜欢、避免敌意，同时还因为自卑外化而预想被人挖苦。其结果便是，他根本想不下去，他的主意永远只是空想。还有一种人，本可成为优秀的组织者，但因其施虐倾向，他仇视身边每个人。我们如果环顾四周、反躬自省，便会发现这样的例子比比皆是、不胜枚举。

这种了无头绪的状态看起来有一种例外。有时，神经症患者会“一根筋”得着实令人奇怪：男人会为了实现抱负而牺牲一切，甚至包括自己的尊严；女人会只要爱情，别无他求；父母会专注于孩子，心无旁骛。这样的人往往给人留下全神贯注的印象。但如前文所述，他们是在追逐一个看起来能避免内心冲突的幻象。他们表面上全神贯注，实质上却并无完整人格，而是陷于绝望。

虚耗精力的还不只是相互冲突的需求与冲动。保护体系中的其他因素也有类似效果。压抑部分基本冲突可导致整个人格的衰退。退化的部分仍然活跃，足以干扰心智，但却无法起到建设性作用。因此这一过程耗费精力，而这些精力本可用于坚持己见、相互合作或者建立良好的人际关系。这里还有一个因素：与自我的疏离剥夺了患者内心的动力。他虽然可以是个好员工，甚至能够在外部压力下坚持努力，但独处时却会崩溃。这不只意味着闲暇时候他既难有建树，也无法享受生活，毫不夸张地说，这还意味着他的一切创造力都是枉然。

在大多数情况下，各种因素综合起来，对人格形成大范围的普遍压抑。为了理解某一种压抑并最终将其消除，我们往往必须一再回顾这一点，从已经讨论过的各种角度加以处理。

浪费或误导精力可能由三种主要的障碍引起，且均是由未解决的冲突引发的症状。其一是常常犹豫不决。事事皆可犹豫，从零碎琐事到人生大事都会如此。吃这道菜还是那道菜，买这个旅行箱还是那个旅行箱，去看电影还是听广播等，患者都会犹豫不决。患者会对职业，甚至职业生涯的某一步难做决断，会在两位女性间难以选择，会为是否离婚而纠结不已，会为生死抉择而犹豫彷徨。不得不做且覆水难收的决定着实让他受罪，还会把他吓得呆若木鸡，让他筋疲力尽。

虽然犹豫不决的特点十分明显，患者却常常对此一无所知，因为他们会在无意识中不择手段地逃避抉择。他们会拖延，就不抽出时间着手做事，要么放任自己被命运摆布，让别人代为决定；要么就把事情模糊化，以致无法做出决定。随后，他们会漫无目的地活着，而自己通常也很难觉察。相对而言，某些紊乱病症很常见，却很少有人找精神分析医生治疗，这是因为无意识中我们动用了很多机制来掩盖这种普遍的犹豫状态。

精力分散的另一个典型表现是一事无成。这里我指的不是某一特定方面的无能，这种特定的无能可能是对此缺乏训练或者缺乏兴趣导致的。威廉·詹姆士曾在一篇值得细读的论文[1]中指出：一个人对最初的疲惫感或者外部压力不以为意，那他便拥有了巨大的潜力。在这种背景下，无力感是患者内心的逆流使其无法全力以赴造成的。这就像他在踩着刹车开汽车，车速必然减缓。有时情况真是如此。不论是从其个人能力看，还是从任务的固有难度看，他做每件事的速度本来都可以快得多。他不是不够努力，恰恰相反，他每做一件事都要投入巨大的精力。例如，他要花几个小时写完一篇简

[1] 威廉·詹姆士，《记忆与研究》，朗文出版社，1934年。

单的报告，或学会操作某种简单的机械。当然，真正的阻碍各有不同。患者会无意识地对带来压迫感的事物逆反，会执着于完善每一个细节，还会因第一步走得不够漂亮而对自己大发雷霆——如之前的例子所述。这种无力感不只可以表现为行为迟缓，还可表现为举止拙劣或头脑健忘。如果一个女佣或者一位家庭主妇内心觉得，以自己的天赋，却要做这种活儿，这不公平，那她就很难把活做好。她的无力感往往不限于影响某种特定行为，而会阻碍她的一切努力。从主观角度看，这意味着在紧张状态下工作，必然使人容易感到疲惫且更加贪睡。在这种情况下，任何工作都必然更为消磨人，就像刹车锁死后开车，一定会损伤汽车一样。

患者内心的紧张以及无力感不只会影响工作，很明显也会影响其人际交往。如果有个人想与人为善，同时却又视之为逢迎，故而憎恶，那他的行为就会显得矫揉造作；如果他想请教别人，又觉得自己应该掌握这些内容，那他的举止就会粗鲁无礼；如果他既想坚持己见又想屈己迎人，那他就会犹豫不决；如果他想与人结交但又担心被拒绝，那他就会扭捏羞涩；如果他既想与伴侣发生性关系，又想压制她，那他就会对伴侣冷淡；诸如此类。对流越汹涌，他的神经就绷得越紧。

有些人对内心这种紧张感心知肚明，更多时候，只有特定情况下更加紧张时，他们才会感觉到。有时，只有当他们偶尔放松自我、舒适自如时，这种对比才能让他们惊觉自己平时何等紧张。他们常常觉得，这种紧张导致的疲惫，其实是其他因素造成的，比如气质柔弱、工作过多或睡眠不足等。或许有些确实存在，也确有影响，但影响力却远比人们通常以为的要小。

其第三个障碍症状是整日怠惰。此病的患者有时痛恨自己太懒，但实际上他们根本懒不下来，更享受不了慵懒。他们会意识到自己回避任何付出，并会认为自己明白足矣，至于“落实细节”，也就是具体实施，是别人的事，这样他们就将这种逃避合理化了。这种逃避努力的现象也会表现为害怕付出努力反而伤害自己。患者深知自己容易疲劳，从这个角度看这种恐惧可以理解。如果医生肤浅地看待这种疲惫，那么他的治疗建议还会加重这种恐惧。

神经症性怠惰意味着患者在想和做两方面全面瘫痪。一般而言，其原因在于患者与其自我严重疏离，且缺乏目标指引。长期努力付出而效果却不尽人意，这让神经症患者做什么事都漫无目的，不过事务繁忙时则是例外。诸多原因中，影响最大的因素是理想化形象与施虐倾向。如若形势恰需坚持不懈，神经症患者会认为这证明自己并非如理想化形象一样完美，因而会感到羞耻，而一旦想到所做之事可能不过流于平庸，他便裹足不前，根本不去实践，而情愿幻想自己居功至伟。理想化形象必然导致的自卑折磨着他，摧毁了他自以为无所不能的自信，于是生活中一切激励、乐趣也都像埋葬在了捉摸不定的流沙中一般。施虐倾向，尤其是当其处于被压抑的状态下（施虐倒错），使得患者遇到任何带有攻击性的事物时都畏缩不前，以致随后或多或少地出现精神彻底瘫痪的症状。普遍倦怠的影响尤其明显，因为它的影响范围不但包括客观行为，还涉及主观感受。未解决的神经症冲突会虚耗大量精力。从根本上说，神经症患者是特定文明的产物，这种暴殄人类天赋与品质的病症，是对相应文化的严正控诉。

带着未解决的冲突生活不但虚耗精力，在道德方面也会造成内心分裂——换言之，即道德原则和一切涉及人际交往、影响自身成长的感受、态度与行为。就像内心分裂浪费精力，在道德问题上，分裂使患者丧失内心道德观的一致感，或者说有损正义感。造成这种损害的原因是，患者所持立场自相矛盾，且努力掩饰其矛盾的本质。

基本冲突中会出现互不兼容的道德价值观体系。虽然患者竭尽全力想使之关系和谐，但它们都依旧影响着患者。然而，这就意味着一切都不能当真。理想化形象虽然包含了真正理想的各个方面，但实际只是一个假象，对于患者自己和未经训练的观察者而言，要想将其与真相区分开来，就像要把真假支票区分开来一样难。如前所述，神经症患者会很虔诚地相信，自己就和理想化形象一样完美，会为任何过错而自责，从而给人留下这样的印象：他在追求达到自己的标准时过于苛责；或者他会满心满嘴都是价值观和理想，中毒太深害了自己。我可以断言，其实他不见得真把自己的理想当回事。我的意思是，这样的人对生活缺乏责任感。若是理想唾手可得，或者用得着谈理想，他便是有理想的人；反之，其他时候，他便会轻易把理想抛之脑后。这样的例子我们已经在讨论盲点和分隔法时提到过，如果他们当真心怀理想，很难想象他们会像例子里那样做。如果这些理想是真的，也就不会被轻易抛弃。例如有个人，平日自称虔诚地献身于某一事业，可一旦遇到诱惑，他便成了叛徒。

总而言之，道德正义感受损的特征在于诚意减损、自我增强。有一点十分有趣，值得注意：在佛教禅宗的文献中，诚意即全心全意，引出的结论与我们临床观察所得的结论不谋而合，那就是，一个内心分裂的人，绝不可能完全真诚。

徒弟：以我的理解，一头狮子捕捉猎物，不论是一只野兔还是一头大象，它都竭尽全力，请问这是一种什么力量呢？

师父：此即诚意（字面意思：不欺之力）。

诚意，或曰不欺，意即“全身心投入”，亦可称为“行动中之整体”……其中无一物有保留，无一物有矫饰，无一物有虚耗。人生如此，则可谓如金毛狮王矣，为猎猎雄风、满满诚意、心行合一之象征，即人中之神。[1]

自我中心主义认为他人应当服从自己的需要，从这个角度看，这是一个道德问题。他人不是被当作独立的人对待，而是沦为达到目的的手段。为了缓解自身的焦虑，他必须讨好别人、喜欢别人；为了增强自己的自尊心，他必须给别人留下深刻的印象；因为无法主动承担责任，他必须指责别人；因为自己需要胜利，他必须打败别人；诸如此类。

这些伤害的特定表现形式因人而异。其中大部分在相关部分已经提及，我不想事无巨细地讨论，系统地回顾一下即可。我们尚未谈到施虐倾向，但必须把这一话题延后，因为我视之为神经症病情发展的最终阶段。不过仅因此也不免使讨论变得很难。我们就从最

[1] 铃木大拙，《禅与日本文化》，东方佛教协会（京都），1938年。

明显的开始，不论神经症的发展轨迹如何，无意识的伪装总是一大因素。突出的形式主要如下：

假装付出爱。很多感受与付出都可以被“爱”这个词所涵盖，或能让人主观以为是爱，这一点十分惊人。这包括一方寄生的期望，他觉得自己太弱小、太空虚，不足以自力更生。[1]攻击性更强的形式包括渴望利用伙伴，借助对方让自己功成名就，掌握大权。这可以表现为需要征服他人、击败对方，或需要与伙伴融为一体、借助对方活出自我，且很可能虐待对方。这可能意味着他需要被仰慕，巩固其对自身理想化形象的认同。正因为在我们的文明中，爱已经成了一种稀缺的真挚情感，虐待和背叛才会如此泛滥。这留给我们的印象是，爱转而成了鄙夷、仇恨或冷漠。但爱情不会这样轻易摇摆。事实上，那些唤起虚情假意的感受与付出终不免浮出水面。无须赘言，这种伪装不只见于两性关系，也见于亲子关系和朋友关系。

假装善良、无私、同情等类似品质，与假装去爱类似。这是屈从型人格的特征，并可由特定类型的理想化形象或杜绝任何攻击性冲动的需求加以强化。

假装有兴趣及假装知情，在疏远了情绪、相信单凭智力就可以掌控生活的人身上，这种行为最为明显。他们必须假装无所不知，对一切都感兴趣。此外，有些人看起来积极献身于某一理想，不知不觉中却利用这种兴趣步步为营，追求成功、权力或者物质利益，

[1] 参见卡伦·霍妮，《自我分析》第八章“病态依赖”。

在这种人身上，假装有兴趣与知情的症状也会缓慢恶化。

假装诚实公平的行为最常见于攻击型人格者身上，尤其是其中具有明显施虐倾向的人。他看穿了他人假装付出爱、假装善良的伎俩，相信由于自己已经看穿了假装慷慨、爱国、虔诚等常见的伪善行为，所以他自己是个特别诚实的人。实际上，他自有一副伪君子的嘴脸。他拒绝当下各种偏见，可能是盲目而消极地反对任何传统价值观。他说“不”的能力可能并非出于实力，而出于希望让人失望的心态，而他的坦诚其实可能是想嘲弄、羞辱别人。他承认关注自己的合法利益，但这背后的动机可能是要利用他人。

假装痛苦的行为会产生诸多令人困惑的观点，所以我们必须更详细地探讨。精神分析医生如果严守弗洛伊德的理论，那他就和门外汉一样相信神经症患者想被辱骂、想要担忧、还有受惩罚的需要。支持“神经症患者想要受苦”这一概念的数据已经众所周知。但“想要”这个词实际上涵盖了各种智力上的问题。提出这一理论的研究者未能理解的是，神经症患者承受的痛苦远比患者自己知道的多，而且只有在开始康复时，他才会发觉自己承受了多少痛苦。更关键的是，他们看起来并不理解：未解决的冲突必然带来痛苦，这完全不受个人意志支配。如果一个神经症患者任由自己人格崩溃破碎，那他这样伤害自己，自然不是因为想要自伤，而是因为内心需求迫使他这么做。如果他自我磨灭，被打了左脸还献上右脸，那么他会（至少是无意识地）痛恨这么做并且因此鄙视自己，但自己的攻击性又让他非常惊恐，所以他必须走向另一个极端，任由自己遭受他人的各种侮辱。

受苦的癖好，还源于患者另一个特征，即夸大或者戏剧化任何遭遇的倾向。确实，有些人可以别有用心地感知并表现出痛苦，可能是为了乞求关注或原谅；可能是无意识地利用他人；可能是仇恨受到压抑，从而允许自己复仇。但是从内心世界来看，神经症患者仅有这几个途径可以达到特定目标。同样，患者也确实会将痛苦错误归因，因而给人留下的印象便是无谓地沉浸在痛苦中。因此，他会郁郁寡欢，将此归因于自己“有罪”，而实际上他的痛苦在于自己达不到理想化形象的标准。也许，与爱人分开后，他会感到茫然，虽然他将此归因于深情挚爱，实际上——他的内心撕裂——他无法忍受独自生活。最后，他会曲解自己的情感，相信自己在承受痛苦，可事实上，他是怒火中烧。例如，一位女士会因为恋人未按约定时间写信而感到痛苦，但实际上她是感到愤怒，因为她希望万事如意、分毫不差，或者因为她稍觉被人忽视便感到受了羞辱。这种情况下，患者会无意识地选择去受苦，避免认识到愤怒及相关的神经症驱动力。此外，患者还会刻意强调痛苦，以此掩盖整个关系中的虚伪之处。然而，没有一个例子能够说明患者是想要受苦，表现出来的都是无意识中假装受苦的行为。

无意识自负的发展，则会进一步造成特定的损害。这里的“自负”还是指这一现象：患者声称自己拥有某些他并不具有或并不那么突出的品质，且患者会据此无意识地声称自己有权苛责他人。所有神经症性自负都是无意识的，患者并未意识到他自以为是的情况并不真实。这里的区别不在于患者的自负是有意识的还是无意识的，而在于这种自负是堂而皇之的还是隐藏在过度谦抑的行为背后。二者的区别在于其攻击性有多强，而不在于其人有多自负。在某一病例中，患者公然要求享有种种特权；另一个病例里，如若别人不立即给患者特权，他就会伤心。两个例子里，患者真正欠缺的东西，可以被称为务实的谦卑，或者说，认识到——不只是口服，而且心服——人类整体上与其个人特定的局限与不足。我见过的每个患者都厌恶想到或听到任何他可能也具有的局限，尤其是内心隐藏着自负感的患者。他情愿无情地自责忽视了什么，也不愿承认“我们只有零碎的知识”；他情愿自责粗心懒惰，也不愿承认谁都不可能时刻保持如此高效。隐藏的自负最明显的表现就是以下二者之间明显的矛盾：患者谦抑自责的态度，以及内心对外界批评与忽视怒火中烧的反应。这通常需要对患者进行近距离观察，找到患者感情上所受的伤害，因为过度谦虚型的人习惯于压抑这种感受。但实际上，他和公然自负的人一样苛刻。他对他人的批评一样不留情面，只是表面上显露出自我磨灭、崇拜他人的样子，他内心深处对他人和对自己一样苛求完美，这说明他对他人的具体个性缺乏真正的尊重。

另一个道德问题是，患者无法明确自身立场，所以也就不可依靠。神经症患者极少根据某人、某个想法或者某种事业的客观特点而决定自身立场，更多是基于自身情绪需求。然而，由于这些需求相互矛盾，所以他可以轻易转换不同立场。因此，很多神经症患者的立场往往摇摆不定，无意识中便被“买通”了，因为他面对着诸多诱惑：更深的情感、更大的特权、他人的认可、自己的权力或享有的“自由”。这适用于其一切人际关系，不论他是作为个人还是作为某集体的一员。他们对人的感觉、判断常常缺乏主见。一些未经证实的传言便足以令其改变主意；某些沮丧之事或细枝末节，以及让他感觉沮丧的琐碎之事，便可能理所当然地让他与一个“很好的朋友”断交；遭遇某些困难，他们便会从激情万丈转而陷入迷茫；他们会因为个人好恶而改变宗教观念、政治见解或者科学主张；他们在私下交谈中持某一立场，但受到某个权威或组织的一丝一毫压力便会轻易放弃，而且他们往往不知道自己为什么变卦了，甚至根本没发现自己换了立场。

神经症患者会无意识地避免明显表现出立场摇摆，比如无法下决心、惯于“骑墙”、不排斥任何选项。他会指出局势的真正微妙之处，以此把自己的心态合理化，或者他会任由强迫性的“公平”态度摆布自己。毫无疑问，真正追求公平是值得珍视的态度。心存良知、追求公平也确实会让人在很多场合难以确定立场。但公平可能是理想化形象中的强迫性组成部分，因而其功能在于，患者不必站定立场，同时又能觉得自己旷达潇洒，超脱于充满偏见的斗争之外。这种情况下，患者习惯于不加分别地相信两种观点未必如此针锋相对，或争执的双方都有道理。这种伪客观的态度阻碍了患者发现任何事物的核心。

因此，不同类型神经症之间症状迥异。人格最完整的是那些真正的孤僻型人格者，他们始终置身于神经症性竞争与神经症性依恋的旋涡之外，不会被“爱情”或者野心轻易引诱。对生活的旁观态度，也常常让他们在判断时充分保持客观。但并不是每个孤僻型人格者都能有自己的立场。他可能会对争吵或站队充满厌恶，而自己的头脑里也没有清晰的立场。患者脑中或许只有一团糨糊，或者最多能明确好坏真假，却不能得出任何自己信服的结论。

另一方面，我断言神经症患者无一例外地难以明确自身立场，而攻击型人格者的表现看起来与这一论断相悖。尤其是如果他习惯于僵化的紧张状态，那他看起来就有超常的能力去明确观点，加以辩护并坚持己见。但这只是个假象，这类人明确立场往往是因为有些看法已经先入为主、顽固不化，而非因为他真有确信。他的意见是为了扼杀内心一切怀疑，常常具有武断甚至狂热的特征。不只如此，他会被权力或成功诱惑。他的可靠之处只限于他内心追求支配局势、获得认可的驱动力决定的范围。

神经症患者对责任的态度令人困惑，这一定程度上是因为这个词语本身就有多重含义。它可以指在履职担责时的良知。在这个意义上，神经症患者是否有责任感，取决于其特定人格结构——并非所有神经症患者都一模一样。对他人的责任则可能意味着自己的行为会影响他人，因而觉得有责任，但这话也可能是在粉饰支配他人的行为。当承担责任意味着承受责备，这也许只是患者对于自己未能达到理想化形象的标准而表达愤怒，在这个意义上则与责任毫无关系。

如果我们自己清楚地知道对自己负责具体意味着什么，我们就会理解，神经症患者很难，甚至根本不可能承担起责任。首先，承担责任意味着对人对己都以实事求是的态度承认这是他的动机，那是他说过的话、做过的事，并且愿意承担后果。这就与撒谎或者诿过于人截然相反。在这个意义上，神经症患者很难对自己负责，因为他总是不知道自己在做什么，或为什么这么做，而这种无知给他带来了巨大的主观利益。这就是为什么他常常为了推卸责任而想去否认、遗忘、轻视、无意中强化其他动机、感觉被误解或者陷入困惑。因为他习惯于明哲保身或原谅自己，他总是轻易就觉得他的妻子、商业伙伴、精神分析医生应该对自己遇到的任何困难负责。他常常不能承担，甚至看不到自己行为后果的另一个原因在于，他内心深处觉得自己无所不能，所以想要为所欲为，来去自如。去认识这种无可避免的后果就会粉碎他的这种感觉。这里最后一个相关因素，初看起来像是智力缺陷导致患者无法理解和运用因果关系。神经症患者给人的印象，往往是只能从犯错受罚的角度去思考。几乎每个患者都觉得精神分析医生在责怪他，而实际上精神分析医生只是在直陈患者面对的困难及其结果。在精神分析的场合外，患者会觉得自己像个替罪羊，总是遭人猜忌和攻击，因而总是在为自己辩护。实际上，这是患者内心活动的外化。如前所述，这些猜忌、攻击来源于其理想化形象。正是这种吹毛求疵、自我辩护的内心活动经过外化作用后，才导致他面对牵涉自己的事时，几乎无法认识到其中的因果关系。但不涉及自己的困难时，他就能和其他任何人一样客观。如果天上下雨打湿了街面，他不会追问这是谁的错，而会接受这种常见的联系。

另外，我们所说的对自己负责，指的是这样一种能力：坚持我们认为正确的观点，且如果我们的行为或决定最终被证明是错误的，我们愿意承担后果。一个内心被冲突撕裂的人很难做到这一点。因为患者内心那些冲突的倾向里，他应该又能够代表哪一个呢？没有一个倾向能代表他真正的需要或信仰。实际上，他只能为自己的理想化形象代言。然而，这并不允许他犯错。因此，如果他的决策或行动惹出了麻烦，他必然扭曲事实，将不利后果归罪于人。

有个相对简单的例子可以体现这一问题。有位男士，身为某组织的领导，渴望不受限制的权力与特权。他认为没有他，就不能做出任何决定，完成任何事情。他不允许自己授权给别人，但事实上，这些人受过专门训练，处理特定事务可能更为得心应手。在他的头脑里，什么事情都是他最懂。此外，他不想让其他任何人自以为，或者真的占据重要地位。受时间、精力所限，他的自我要求很难实现。但是这个与众不同的人不只想支配局势，还卑微逢迎，想做个大好人。他未解决的冲突带来的结果便是，他具有我们前面描述的各种特征：怠惰嗜睡，犹豫拖延，因而无法安排好自己的时间。因为他觉得守约是一种无法忍受的压迫，所以让人等待能让他内心窃喜。此外，他做了很多无足轻重的事，仅仅是因为这些事满足了他的虚荣心。最后，工作之余，他急于做个尽心尽力的居家好男人，这消耗了他大量的时间和思考。自然，组织里的工作不尽如人意，但是他觉得自己完美无瑕，于是他就会归罪于他人或者逆境。

我们不禁又要问，他能为自己的什么人格特点负责？是支配他人的倾向，还是屈从、宽慰、讨好自己的倾向？首先，他对此都一无所知。但即使已经意识到了，他也无法取舍，因为两者都具有强迫性。

不只如此，他的理想化形象只允许他在自己身上看到理想的美德和无限的力量。因此，对于内心冲突影响下必然产生的结果，他无法承担责任。要承担这种责任，那么他如此焦虑地想对自己掩饰的一切，就必然清晰地呈现在他面前。

总体而言，在无意识层面，神经症患者尤其反感为自己行为导致的后果承担责任。即使情况极其明显，他也视而不见。他无法消除内心的冲突，便同样无意识地坚信：万能如他，理应有能力应付得了。他相信，后果这种事，别人才需要考虑，但对他而言根本就不存在。因此他必须不断避免使自己认识到因果规律。如果放开自我思想管制，正视这些因果关系，他就会受到沉重的打击。因为这会无一例外地向他证明他的生存系统并没有效果，他虽然无意识中用尽诡计、圈套，但还是无法改变那些无情地影响着我们的身心规律。[1]

事实上，患者对“责任”这整个话题兴趣寥寥。他看到的（或者说隐隐感觉到的）只是其负面内容。他看不到且只能渐渐理解的是，对规律视而不见只会把他自己争取独立的热血斗争引向失败。他希望通过傲慢拒绝任何付出来获得独立，而实际上对自己负责、为自己的行为担责，恰是真正的内心自由不可或缺的条件。

为了避免意识到自己面临的问题、遭受的苦难源自内在的困境，神经症患者会借助于三大机制中任何一个，更常见的是同时向三者求助。外化最适用于这一点，这种情况下，从伙食、气候、健

[1] 参见林语堂《啼笑皆非》。在“羯磨”这一章，作者对西方文明不理解这些精神规律深表震惊。

康到父母、妻子、命运，一切都会成为某个苦难的罪魁祸首。或者他会持这样的态度：因为什么都不是他的错，那么他遭遇任何不幸都是不公平的。不公平的事太多了，比如他居然病倒了、变老了、要死了，婚姻不如意，孩子有问题，工作不被认可。这种想法可能是有意识的，也可能是无意识的，但总有两重错误，因为这种做法消灭的，不只是自己对造成困难局面所负的责任，还有独立于他却与他生活相关的一切因素。此外，这种想法有其内在逻辑。一个孤立的生物习惯于聚焦自己、目中无人，他的自我中心做派让他无法把自己视为一条大链上的一个小环，而前述想法也是这类人典型的思维方式。一方面，他直接盲目地认为，自己应该在特定的时间和特定的社会体系里，获得生活中的一切好处；另一方面，他却又痛恨与人休戚相关。因此，他想不通自己为什么会被那些与他个人无关的事牵连受苦。

第三种机制与他拒绝承认因果关系有关。在他看来，后果只是孤立事件，与他自己、与他自身面临的困难无关。例如，抑郁或者某种恐惧症在他看来会是祸从天降。这当然可能是心理忽视作用或者缺乏观察导致的。在精神分析中，我们会发现，患者极度顽固地抵触发现任何隐性联系的可能。他会怀疑或者遗忘这些联系，还会觉得精神分析医生不是为了实现他此行的目的——迅速消除给他惹麻烦的种种障碍——而是要“指责”他，以此精明地保全医生自己的面子。因此，患者会熟知与其怠惰状态相关的因素，但怠惰迟滞了他的分析乃至一切行为，他对这一显而易见的事实却视而不见。还有一种人，可能已经意识到自身对他人攻击—贬低的行为模式，但无法理解他为什么总和人吵架、不讨人喜欢。他内心难以解决的问题是一件事，而他实际的日常问题则是另外一件事。患者割裂内心问题与其在生活中的影响，是其习惯孤立、片面地看待事物的主要原因之一。

对认识神经症心态与驱动力所致结果的抵触态度，大多数情况下隐藏得很深，精神分析医生也容易忽视，因为对他而言，这种关联再明显不过了。这一点着实令人遗憾，因为只有让患者意识到他自己对这些后果视而不见，并明白他这么做的原因，他才可能意识到自己把生活搞得有多糟。对相应后果的认识是精神分析中疗效最好的药方，它会让患者深刻认识到，只有改变自己内心某些因素，他才能解脱。

那么，如果神经症患者对自己的伪装、自负、自我中心、推诿塞责都不负责任，那我们还能从道德的角度谈什么呢？一些人的观点是，作为医生，我们只需要关注患者的病情与治疗，道德问题不是我们该管的。有人会指出，弗洛伊德的一大功绩便是抛开了“道德”评价，我似乎也是在宣扬这种论调！

这些被视为科学的观点真的站得住脚吗？在面对人类行为的问题时，我们真的可以不用判断是非吗？当精神分析医生确定什么需要分析检查、什么不需要分析检查时，他们开展工作的基础，难道不正是他们在意识层面明确批判的判断方式吗？然而，这些含糊其词的判断里暗含着一个危险：其立场可能要么过于主观，要么过于传统。因此精神分析医生会觉得一个男人拈花惹草的需求无须分析，而一个女人勾勾搭搭就值得细究了。或者，如果医生信奉基于性欲驱动的放浪不羁的生活方式，他就会觉得对异性的忠诚，不论男女，都值得分析。事实上，我们应该在特定患者的神经症基础上进行判断。需要确定的是，患者所持的态度，是否会对他个人的成长或与他人的关系造成伤害。如有伤害，这就是个问题，因而需要处理。精神分析医生得出结论的理由应当向患者明确说明，让患者对相关事宜下定决心。最后，上述观点不正存在和患者的思维一样的谬论吗？具体而言，道德只是评判问题，并非关乎结果的主要因素之一。不妨以神经症性自负为例。这一现象的存在，不以患者是否对其负责而转移。精神分析医生相信，自负是患者必须认识并最终克服的一个问题。他持有这种心态，是因为他在主日学校学到自负有罪、谦卑是德？或者他的判断是否基于这样的事实：自负是脱离现实的，会带来不利后果，必然成为患者的负担，同样不管他有何种责任。不过，在自负的例子里，其后果禁止患者了解自己，也就阻碍了他的成长。此外，自负的患者易待人不公，造成进一步影响，不只使得他时而与人发生冲突，更让他与人普遍疏远。然而，这只会驱使他在神经症中越陷越深。因为患者的道德观部分取决于其神经症，反过来又在一定程度上维持了其症状，精神分析医生别无选择，只能密切关注。

【三颗钻专家伴读】

第十一章

李孟潮

在这一章，霍妮描述的“hopeless”这种情绪，是指有一点严重的抑郁，抑郁到觉得人生无望的程度。霍妮的书籍中经常说“神经症者”如何如何，让人感觉“神经症者”是某个人，或者至少是有一群有着鲜明特征的人，但是实际上，神经症者＝10种人格障碍者＋抑郁障碍者＋部分精神分裂者＋无诊断者。这些人全部都可能在治疗的某个阶段出现恐惧和绝望感，原因则各不相同。

霍妮首先指出，个案会感到绝望是因为内心混乱，年轻人会把绝望感投射外化到友情、爱情和事业中，从而使其得到缓解，直到中年了才能来体验这种绝望的感觉。忙于预见未来，也是对绝望感的防御。

然后，霍妮论述了绝望感的三个来源。

来源1　她引用了克尔凯郭尔的金句：“一切绝望根本上都是对成为自己的绝望。”也就是说，绝望的根源，在于“患者对自己成为内心完整、人格统一的人感到绝望”。

来源2　无法达到理想化形象的要求。

来源3　个案不关注内心，也就是外化。

霍妮试图对如何治疗绝望感进行阐述，但是她只着重于提出分析师不要产生弗洛伊德的“理论反投射”，也就是说，弗洛伊德自己对人性是绝望的，所以他会把这种绝望投射给个案，以为个案也应该和他一样绝望。

这有点夸大了弗洛伊德的绝望感，弗洛伊德的确在《文明及其不满》等著作中表达了悲观人类文明的前途观，但是弗洛伊德对于心理治疗的前景并非彻底的悲观，相反，他在早期的时候，也认为精神分析胜过催眠，可以彻底治愈神经症。

今天我们知道，有各种各样的绝望感，如果是抑郁障碍引发的绝望感，需要药物治疗和心理治疗，心理治疗以认知行为疗法和正念认知行为疗法为主。如果是人格障碍引发的绝望感，则主要是使用心理治疗，针对人格障碍，心理治疗内部的治疗方法很多，现在心理治疗师们常用的是《人格障碍治疗指导计划》。

霍妮还提到一种绝望感，也就是个案的理想化自体和理想化客体被认识到是虚幻的，因而产生了幻灭感。但这其实是正常的治疗过程。让个案产生幻灭的治疗原则，可以简称为“放弃幻想爱自己”。比如有的个案需要放弃的幻想，就是别人会无条件关爱自己，他需要接受现实生活中人们都是根据平等互利的原则交往的事实。

所以心理治疗的某个过程，就是要帮助个案，哀悼各种各样“好客体”幻想的丧失。大家可能会误以为心理治疗是帮助大家去寻找那些好的自体-客体关系，爱本能投注的自体-客体关系，而排斥那些“坏的”关系配对。但其实恰恰相反，治疗师是帮助个案“整合”这些“好+坏”的关系配对，让个案看见坏客体，承认坏客体，接纳坏客体，也是治疗师工作的主要内容。在充分承认、接纳这个世界的败坏和邪恶的基础上，我们才能更好地珍惜爱的关系。这种心态叫作“积极的悲观主义”。

第十一章
绝望[1]

虽然内心存在诸多冲突，神经症患者有时也会满足，能够享受让自己感觉舒适的事物。但他要想常常感受到幸福，则需要依赖太多条件。什么都无法给他带来快感，除非他独处，或除非他与人分享；除非他支配着局面，或除非他左右逢源。他获得幸福的条件往往自相矛盾，这进一步减少了他获得幸福的机会。他会乐意让别人领头，但同时又憎恶听命于人。女性会为丈夫事业有成而高兴，但同时又嫉妒他。即使神经症患者偶尔觅得暂时的幸福感，他内心的各种脆弱与恐惧也会轻易打破他这种感觉。

此外，那些人人都会碰到的倒霉事，却会在他头脑里被夸大了。一点小挫折就会让他陷入抑郁，因为这证明了他整体上并没什么价值，即使是因为他无法控制的因素。任何并无恶意的批评意见都会让他忧心忡忡、前思后想。于是，同样的处境下，他总是比别

[1] 此处英文原文为“hopelessness”，译为“无望”更为准确，但考虑到“绝望”一词在中文中用法泛化，最终保留这一译法。——编者注

人更闷闷不乐、心存不满。

局面已经够糟，又被他进一步的顾虑恶化了。似乎只要还有希望，人类就可以承受极其深重的苦难。但神经症患者的内心则一团乱麻，必然或多或少地感到绝望，而他内心越乱，他就感到越绝望。这种绝望会埋得很深：从表面上看，神经症患者或溺于幻想，或忙于制订计划、扭转局面。要是自己结婚了就好了，或者有间更大的公寓，或者换一个工头，或者另娶个老婆。要是自己是个男人就好了，或者嫩一点或老一点，或者高一点或矮一点，那样一切就都好了。有时，消除某些令人烦心的因素确实有好处。然而，更多情况下，这些希望只是内在困境的外化，而且注定实现不了。神经症患者指望外部环境的改变会带来人间天堂，却不可避免地又会将患有神经症的自己置于新的环境中。

年轻人的希望更多寄托在外部条件上。因此，对很年轻的人进行精神分析时，情况往往比预计的要复杂一些，他们寄希望于外部正是原因之一。随着年龄渐长，希望日渐褪色，人们也更能接受把自己当作自身苦难可能的来源，好好审视一番。

即使整体的绝望感是无意识的，根据各种迹象，我们也可以推断绝望感是否存在、有多强烈。人生总会经历一些阶段，患者对挫折反应严重过度，且持续时间也明显过长。因此，这时患者就会陷入彻底的绝望，其原因看起来在于青春期单相思、被朋友背叛、被不公正地免职或没能通过考试等。自然，这对患者影响深远，他首先会估量任何可能的具体原因。但是，在任何具体原因背后，常常可以发现这些不幸经历引发更加深刻的绝望。同样，关于死亡的思绪挥之不去，或者自杀的念头随时浮现，不论这种念头是否带来影响，都表明绝望在内心弥漫，哪怕患者戴上了乐观的面具。他们整日言行轻浮，不论是否是在精神分析的过程中，都拒绝严肃对待任何事物，一遇到困难就立刻失望，这些都是相应的迹象。弗洛伊德定义的否定性治疗反应中，很多都属于这种情况。自省固然痛苦，但终究可以指明出路。但对他们而言，这却只会让人泄气，不愿再为解决新问题而历尽千辛万苦。有时候，这看起来像是患者不相信自己能够克服某种困难，但实际上，这表明他不指望自己能够从中有所收获。这些条件下，唯一符合逻辑的结果就是，他抱怨那种看法惊吓了自己，精神分析医生让他失望、招他厌恶。忙于预见或者预告未来，也是绝望的一种表现形式。虽然从表面上看，这像是对整个生活的焦虑，担心对意外措手不及，害怕犯错，但是通过观察可以发现，在这些情况下，其对未来的展望必然带有悲观色彩。和卡珊德拉一样，很多神经症患者长于预见坏事，而甚少预见幸福。这种关注生活的阴暗而忽视其光明的态度，会让人怀疑自己深陷绝望，无论如何将这种态度合理化都没有用。最后，这种绝望会带来漫长的抑郁状态，这一进程隐蔽而缓慢，让人感觉不到是抑郁。有此症状的患者生活可以一切正常，他们可以开开心心，享受快乐时光，但早晨他们花很长时间才能叫醒自己，开始一天的生活。生活永远是个负担，但他们很少感觉到，也就未必为此抱怨。他们的精神始终萎靡不振。

绝望感的来源总在无意识层面，但这一感受则完全可以是有意识的。患者会觉得整日被阴郁感笼罩。或者他会在生活总体上持退后一步的态度，不指望有任何好事，只觉得活着就是一天天在熬。或者他会用哲学的方式来表达，说实际上生活的本质是悲剧，面对人类已经注定的命运，只有蠢人才会自欺欺人。

早在开始谈话时，精神分析医生就会发现患者的绝望。患者会不愿付出一点一滴，不愿承受一点不便，不愿承担丝毫风险。他会显得太放纵自己。但事实是，他不指望付出能带来什么回报时，也就看不到任何付出的必要。在精神分析过程之外也可见类似心态。其处境完全令人无法满意，但稍有动力、稍加努力即可有所改善。然而患者已经完全被绝望淹没了，一点小困难在他眼里都会成为难以逾越的障碍。

有时，偶然一句评论会让这种情况浮出水面。如果精神分析医生指出某个问题尚未解决，仍需努力，患者会反问："你不觉得这毫无希望吗？"就算意识到了自己的绝望，他也常常无法对此负责。他可能会将其归罪于外部因素，从工作、婚姻到政局皆可。但原因不在于任何具体或暂时的环境问题。他绝望到感觉自己的人生会一事无成，快乐不起来，也洒脱不了。他觉得自己的人生永远不可能有意义。

或许索伦·克尔凯郭尔已经给出了最深刻的回答。他在《致死的疾病》[1]一书中写道，一切绝望根本上都是对成为自己的绝望。古往今来的哲学家都强调了做自己的核心意义以及感到接近自我受阻而带来的绝望。佛教禅宗著作的中心主题亦在于此。在现代作家

[1] 索伦·克尔凯郭尔著，1849年7月出版。

中我只想引用约翰·麦克默雷[1]的话："除了完全做一个完整的自己，我们的存在还有什么别的意义？"

绝望是未解决的冲突带来的终极产物，其最深层次根源在于，患者对自己成为内心完整、人格统一的人感到绝望。神经症带来的难题越积越多，导致了这一情况。基本的感觉便是身陷冲突之中，如鸟陷网中，看不到任何脱身的可能。在此基础上，患者不断挣扎，寻求解决冲突而不得，反而不断疏离了自己。这种体验不断重复，加剧了他的绝望感：才华无法带来成就，要么是因为精力不断分散在过多方向，要么是因为在任何创造过程中遇到的困难，都足以阻止患者继续追求的脚步。这种影响波及恋情、婚姻、友谊，使患者诸事不顺、一一搁浅。这种不断受挫的经历令人沮丧，就像实验室笼子里的老鼠，拼命想蹦进某个洞口去找食物，却发现自己永远到达不了。

除此以外，实际上还有一个令人绝望的事业，那就是达到理想化形象的要求。很难说这是不是引起绝望感最强烈的因素，然而，毫无疑问的是，在精神分析过程中，当患者认识到自己远不是想象中那个完美无缺、独一无二的样子时，他的绝望感就会完全释放出来。此刻他感到绝望，不只是因为发现永远达不到那些梦幻般的高度，更是因为他对这种认识抱以深深的自卑，而不论是在爱情上还是在工作上，这种自卑都有损于其追求任何事物的动力。

致病因素中最后一个，则是让患者的关注点从内心外移，使其

[1] 约翰·麦克默雷，《理智与情感》，阿普尔顿世纪出版社，1938年。

生活中缺乏动力的一切心理活动。这些心理活动带来的结果便是，患者对自己失去信心，对自己个人的成长失去信心，他习惯放弃。这种心态虽然不显山不露水，但就其后果而言，已经严重到足以称为精神死亡。如克尔凯郭尔所说：“尽管如此（他已绝望）……然而他还会……完全有能力活下去，像看起来那样人模人样，整日忙于俗务，比如结婚生育、享誉闻名。可没人注意到，在更深层次的意义上，他失去了自我。世人很少为这种事大惊小怪，世人最不想谈及的就是自我，它是万事万物中最危险的东西，故而世人都不想让别人发现自己有自我。最大的危险便是失去自我，这却很可能悄悄发生，又好像什么都没发生。而其他任何损失，譬如断臂、截腿、丢掉了五美元、失去了妻子，诸如此类，都必然招来注目。”

以督导工作中的经验，我知道精神分析医生往往忽视绝望感这一问题，因而也就难以对症下药。我的一些同事对患者的绝望感一筹莫展——他们认识到了绝望，但是并不认为绝望本身是个问题——以致他们自己都感到绝望了。这种心态对精神分析来说自然是致命的，因为不论医术有多高超、治疗有多努力，患者感觉精神分析医生已经放弃了他。在精神分析之外情况也类似，一个人如果不相信伙伴能够激发自身的潜力，就不可能成为一位建设性的益友或佳偶。

有时我的同事们未能严肃对待病人的绝望感，有时他们又犯了相反的错误。有时他们觉得患者需要鼓励，便去鼓励他。这值得赞赏，但效果不佳。受到鼓励后，患者即使理解精神分析医生的好意，也完全有理由感到恼火，因为内心深处他明白自己的绝望感不只是一种靠好意鼓励就能驱散的情绪。

为了抓住关键，直接解决问题，首先我们有必要通过类似上述迹象间接认识到患者的绝望感及其严重程度。然后我们必须明白，鉴于其内心的混乱，患者的绝望感完全可以理解。精神分析医生必须意识到并向患者表明，只有现状保持不变，并被视为不可改变时，他的处境才是真的叫人绝望了。契诃夫的《樱桃园》中有一幕，简单地表现出了整个问题所在：一家人面临破产，一想起要离开田产、抛下可爱的樱桃园，他们便陷入了绝望。一位见过世面的人提了个很妥当的建议，他们可以在地产上找一片土地建房子租出去。但这家人见识狭窄、泥古不化，难以接受这一方案，由于别无他法，他们唯有绝望。他们无助地问谁能出个主意帮帮他们，好像根本没有听到之前那个建议。如果他们的导师是一位优秀的精神分析医生，那他会这么说："现在确实处境艰难。但是真正让你们绝望的，是你们自己的态度。如果愿意改变你们在这里所期待的生活方式，你们就完全不必感到绝望。"

相信患者本身可以改变，本质上意味着他能够解决内心的冲突，这决定了治疗师是否敢于处理这一问题、是否有充分的把握处理。此刻我和弗洛伊德就彻底分道扬镳了。弗洛伊德的心理学与哲学对此本质上是悲观的。这一点明显可见于其对人类未来的展望[1]

[1] 西格蒙德·弗洛伊德，《文明及其不满》，《国际精神分析文献》，卷十七，莱昂纳多与维吉尼亚·伍尔夫出版社，1930年。

及其对心理治疗的态度上[1]。在其理论基础上，他只可能持悲观态度。人类受本能驱动，最多也只能靠“升华”来有所修饰。其追求满足感的本能必然为社会所阻碍。人的“自我”无助地在本能的驱动力与“超我”之间摇摆，人对这一局面本身也只能小修小补。超我冷峻严苛，长于破坏。真正的理想并不存在。追求自我实现是“自恋”。人本质上是破坏性的，“死亡本能”驱使着他，要么去摧毁他人，要么让自己受苦。所有这些理论没有留下什么空间给人保持积极的心态面对改变，而弗洛伊德首创的潜力巨大的疗法，其价值也因此受到局限。相反，我相信神经症患者的强迫性倾向不是本能的，而是源自紊乱的人际关系。如果情况有所改善，由此产生的冲突得到真正解决，那么这些症状也就可以有所改观。这不是说以我主张的上述原则为基础的疗法没有局限性。要想明确局限所在，我们还有很多工作要做。但这意味着我们完全有理由相信，根治神经症完全有可能。

那么，认识并治疗患者的绝望感意义何在？首先，这种方法的价值在于治疗抑郁、自杀倾向等特定问题。治疗某种抑郁时，我们确实可以只向患者揭示当时致病的特定冲突，而不触及其整体上的绝望感。但如果我们想要防止抑郁复发，就有必要处理绝望感，因为这才是产生抑郁的更深层次的源头。也只有针对这一源头施治，我们才能治疗渐进式的慢性抑郁症。

自杀的情况也是如此。我们知道相关因素都会引发自杀冲动，

[1] 西格蒙德·弗洛伊德，《可终止与不可终止的分析》，《国际精神分析杂志》，1937年。

如极度绝望、心怀蔑视、图谋报复等。但如果等到这一冲动已经明显，再去防止患者自杀，往往就已经太晚了。如果能在第一时间关注到绝望感相对温和的征兆，适时着手处理这一问题，那么很多自杀案例本来可能还有挽回的余地。

更有普遍意义的是，患者的绝望感有碍治愈任何严重的神经症。弗洛伊德习惯将任何阻碍患者病情好转的因素称为“阻力”，但我们很难将绝望感归入此类。在精神分析过程中，我们要处理各种相互作用的阻碍因素和促进因素，即阻力与动力。阻力这一总称指的是患者内心一切维持现状的力量。而动力则是其内心建设性能量产生的、不断推动其追求内心自由的力量。依靠这一动力，我们可以开展工作；失去这一动力，我们就什么都做不了。正是这一力量能帮助患者克服阻力，使患者的想象富有成果，从而让精神分析医生能更好地理解他的情况。这让患者能够凭借内心的力量承受成长中不可避免的痛苦。这使得他愿意承担风险，抛弃带给他安全感的舒适心态，转而以全新的态度探索待人待己的方式。精神分析医生不能揠苗助长，强拽着患者走完这个过程，患者自己必须主动努力。这种力量是无价之宝，却因为绝望感而瘫痪了。如果患者自身无法认知或处理这一问题，那在治疗患者神经症的战役中，精神分析医生就失去了最好的盟友。

患者的绝望感这一问题，并非任何一种解释就能解决。如果患者不再觉得在劫难逃、无法自拔，转而开始将绝望感视为最终可以解决的问题，那这本身就是一大进步。这一步大大解放了他的内心，让他能勇往直前。当然，生活总有起起落落。渐渐领悟到一些有益的道理后，他就会乐观起来，甚至过于乐观，而一旦遇到更加令人沮丧的情况，便一下又跌回绝望中。每次患者都要重新面对这一问题。但随着患者意识到自己确实可以改变，神经症性绝望对患者的控制便会渐渐放松。他内心的动力便会相应增大。在精神分析之初，这种动力会非常有限，甚至仅仅是希望摆脱造成严重紊乱的种种症状。但是随着患者日益意识到自己所受的禁锢，逐渐品尝到自由的滋味，这种动力便越来越强大。

【三颗钻专家伴读】
第十二章

李孟潮

这一章霍妮试图研究的对象，被她命名为“施虐倾向”，这种倾向在今天被称为“控制情结”“权力情结”，有很多现象都是这种情结驱动的——煤气灯效应、疯狂“鸡娃”等。在人格障碍中，被动攻击人格障碍、强迫型人格障碍、自恋型人格障碍也可能出现这种倾向。

霍妮提出自己的假设，“绝望的人会转而具有破坏性，与此同时又试图借由在生活中转换角色来求得补偿”。这种防御机制叫作“变被动为主动”。她列举了这一类寻求主动控制的施虐者的四大表现：1）试图奴役他人，尤其是奴役伙伴。可以看出，她描述的施虐者奴役他人的手段，就是今天社交媒体中流行的说法“PUA”；2）随意玩弄他人情感；3）剥削伴侣；4）贬低、羞辱他人。

紧接着，霍妮试图探索为什么会有如上这些行为，她列举了六个精神分析假设。

假设1 这是施虐-受虐的性欲的变形。这是经典的弗洛伊德理论，霍妮基本上不赞同这个假设。

假设2 施虐冲动是婴儿期施虐性的残留。她部分赞同这一点，也就是人天生有残忍的倾向。

假设3 施虐者无法活出自己，他必须把对方作为自己存在的象征，所以他只是施虐和控制，但并不想让被自己奴役的人毁灭。霍妮比较赞同这一点，但是她认为仍需要补充和完善这一假设，于是形成了假设4、5、6。

假设4 施虐者深感自己无用，一方面痛苦地嫉妒别人的快乐和幸福，另一方面为了缓解嫉妒，使用酸葡萄心理，贬低他人的一切。这两个机制让他内心充满了失落和不满。

假设5 施虐者心中有理想化形象，道德高尚且僵化。他把自己达不到的理想加在别人身上，达不成对话就暴怒，他内心鄙视、厌弃自己，然后又把鄙视投射向外。

假设6 施虐操纵让施虐者觉得强大、自豪，巩固了全能感。

控制情结会造成很多人际关系的问题，在中国文化中，更多的控制是隐形的、以爱为名义的，比如在夫妻之间最常见的控制——煤气灯效应、被动攻击。关于这方面有不少心理自助书籍，输入“煤气灯效应”“操纵心理学”“隐形攻击”等关键词搜索都可以看到不少的书，这里不再推荐具体的书目，但我需要提醒一下读者们，心理自助书籍质量参差不齐，需要注意甄别。

那么，我们如何判断一本书是否适合自己呢？最简单的方法，就是这本自助书看完后，会不会让你大哭一场，然后感到全身放松，身体上出现“软、暖、松、轻、空”五种感觉。当然，如果你阅读一本自助书之后，发现这里面讲的都是我，但是我就是看不下去，一看就痛苦，那就是创伤被激活了。这种情况下你最好找一个心理咨询师，在其陪伴下开始阅读，或者分级阅读，从不太容易引发创伤的书籍开始。

第十二章
施虐倾向

神经症性绝望笼罩下的患者多少还能勉强“活下去”。如果神经症尚未严重损伤其创造力，他们就还能很清醒、有意识地回归个人生活，专攻能有建树的领域。他们会投身社会运动、宗教运动或者某个组织的工作中。他们的工作会富有成效，至于缺乏热情这一点，则会因为他们没有个人爱好而被掩盖。

而其他人，在适应各自特定生活结构的过程中，可能就不会再质疑这一点，但也不会太重视，只是尽力履行其职责。约翰·马昆德[1]在其作品《时间太短》中描绘了这种生活。我相信，这种状态正是艾里希·弗洛姆[2]相对神经症而言所描述的“缺陷”状态。然而，我将其理解为神经症心理活动的产物。

另一方面，患者会放弃所有严肃的，或者前途远大的追求，转

[1] 美国小说家，曾获普利策小说奖。——编者注

[2] 艾里希·弗洛姆，《神经症的个人与社会根源》，《美国社会学评论》卷九，第四号，1944年。

向生活肤浅的表面，想要从中获取些许乐趣，品味一番，把兴趣放在某个爱好，或者某种“小确幸”上，比如美食、畅饮、偷偷摸摸的风流韵事。他们可能还会放任自流、不思进取，任由自己人格破碎。他们无法专注工作，转而染上酗酒赌博、卖淫嫖娼的恶习。查尔斯·杰克逊[1]在其作品《失去的周末》中描述的那种嗜酒如命的状态，代表着这种状态的最高阶段。从这个角度看，我们可以发现一个有趣的课题：患者无意识中决心任由人格破碎，会不会是肺结核、癌症等慢性疾病的重要心理病因？

最终，绝望的人会转而具有破坏性，与此同时又试图借由在生活中转换角色来求得补偿。在我看来，这就是施虐倾向的意义。

因为弗洛伊德将施虐倾向视为人的本性，他所做的精神分析的焦点很大程度上在于所谓的施虐变态。日常关系中的施虐模式，虽然未被忽视，但也并未有严格的定义限制。任何武断或攻击性的行为，都被视为本能的施虐倾向的变体或升华。例如，弗洛伊德把争权视为这样的一种升华。确实，争权可以是一种施虐，但是，对一个将生活视为与全世界对抗的人而言，这仅仅代表着为生存而斗争。实际上，这根本没有必要恶化为神经症。这种不懂得具体问题具体分析的结果就是，我们既对施虐心态可能的表现形式缺乏综合印象，又对定义施虐的标准缺乏准确理解。这就给个人留出了很大空间——靠直觉去判断什么该被称为施虐倾向，什么则不该，这对全面细致的观察助益甚少。

---

[1] 美国作家，其代表作《失去的周末》曾被改编成电影。——编者注

伤害他人的行为本身并不意味着存在施虐倾向。一个人可能为个人或者集体而斗争，在这过程中他不但会伤及对手，还会不可避免地伤及同人。对他人的敌意可能也只是一种反应。一个人感觉吃惊、受伤，便想用力回击，力度虽然与客观的起因不相称，但却与主观情绪很一致。然而，这方面人很容易自欺：太多情况下，人们声称只是做出合理的反应，实际上却是施虐倾向在支配他们。不过，区分二者有难度并不意味着敌对情绪反应并不存在。最后，攻击型人格者感觉自己在为生存而斗争，打击人时不择手段。我不愿将他们的任何攻击行为称为施虐。因为在这个过程中，其他人固然会受伤，但是这种伤害与其说是故意而为，不如说是难以避免的副作用。简而言之，我们可以认为，虽然上述各种行为具有攻击性，甚至带有敌意，但并非卑劣的灵魂所为。伤人之举并不能在意识层面或者无意识层面让行为人感到满足。

作为对比，让我们想一想那些典型的施虐心态。最好的观察对象，就是相当任性地表达其对他人施虐倾向的人，而不论他们是否意识到这一倾向。下文所称施虐者，就是指待人心态以施虐为主导的人。

这类人会企图奴役他人，尤其是奴役其伙伴。“受害者”必然是超人的奴隶，这种生物不但没有心愿、没有感受、没有自己的动机，而且对主人一无所求。这一倾向可能的表现形式有：塑造或者教育受害者，就如小说《卖花女》[1]中的希金斯教授调教伊莉莎

[1] 爱尔兰剧作家萧伯纳的经典讽刺剧作。——编者注

那样。最好的结果是在一些方面取得建设性成就，就像父母教育孩子、老师教育小学生那样。这种影响时而可见于两性关系中，尤其是施虐者更为成熟的情况下。老少配的男同性恋关系中，这一影响有时很引人注目。即便如此，如果奴隶表现出丝毫的迹象，想要走自己的路、交自己的朋友或有自己的兴趣，那么施虐倾向也会原形毕露。一个虽不必然但很常见的现象是，主人始终被占有欲驱使下的嫉妒心所困，并将其作为一种折磨人的手段。对这种施虐关系而言，如果维持对受害者的掌控比丰富其个人生活更令人神往，那他宁可舍弃自己的前程，放下约见其他人的乐趣与好处，也不愿施舍给伙伴一点点独立的空间。

施虐者奴役别人的方式特点很明显。这些方式演变的范围相对有限，并取决于双方的人格结构。施虐者的付出恰恰足够让对方觉得值得维持这种关系。施虐者会满足对方某些需求，不过，在精神上而言，往往以受害者所需的最低水平为限，他会让受害者感到自己的付出独一无二。施虐者会指出，其他任何人都给不了这样的理解、支持、这么多性满足或这么多利益。除了施虐者，谁都忍受不了他。此外，施虐者会以更美好的时光为诱饵来控制受害者——或是言外之意暗示，或是直言不讳表明，他会承诺付出爱、和对方结婚、改善经济地位或者更好地对待对方。有时，他会强调自己需要这个伙伴，并从这一立场向受害者提出要求。施虐者这样居高临下，占有欲如此之强，将受害者从其他人中孤立出来，使得上述手段更加有效。如果受害者已经严重依赖他，他最后还会以抛弃受害者相威胁。当然，他还有更多威胁受害者的手段，但这些手段个性鲜明，所以将在后文分别探讨。自然，我们如果不考虑其伙伴的特点，就无法理解这种关系的内容。受害者要么往往是屈从型人格者，害怕被抛弃；要么会深深地压抑自身的施虐驱动力，因而感到无助，后面我们会谈到这一点。

这种局面中日渐累积的相互依赖关系，会引起奴役者和被奴役者内心的憎恶感。如果奴役者声明自己需要独处，他会尤其憎恶被奴役者占用了自己那么多思绪和精力。他没有意识到正是他自己建立起这种人际关系的束缚，反而会斥责对方控制欲强、过于黏人。这种情况下他会想突围而出，这一想法既表现出他内心的恐惧与憎恶，也是一种威胁他人的方式。

并非所有施虐的渴望都表现为奴役他人。另一种人会随意玩弄他人的情感，从中寻求满足。索伦·克尔凯郭尔在其小说《诱奸者日记》中表明，一个对自己的人生不抱任何希望的男人是如何沉迷于这种游戏里无法自拔的。他知道何时该表示感兴趣，何时该漠然置之。在预测和观察女孩对自己的反应这方面，他极其敏感。他知道如何唤起或抑制她的肉欲，但他的情感仅限于满足施虐游戏所需，至于对女孩的人生会有何影响，他毫不在乎。克尔凯郭尔这部小说中主人公有意识而精明的算计，实际上更多时候是在无意识中进行的。但戏码是一样的：吸引与拒绝、魅惑与失望、抬高与贬低，带给她喜与悲。

第三个特征是剥削伴侣。剥削他人并不必然意味着施虐，动用这一手段可能只是为了逐利。而施虐性剥削中，谋利也可能是一方面，但这通常只是幻象，且与投入其中的情感完全不成比例。对施虐者而言，剥削本身成了一种激情，重要的是体验享受胜利的快感。用于剥削的手段会具体体现出这种施虐色彩。对方直接或间接地被迫臣服，而且施虐者的要求会越来越苛刻，如果达不到这些要求，施虐者就会让对方感到歉疚或者羞耻。施虐者总是有理由觉得不满意或受了委屈，并因此得寸进尺。易卜生在《海达·高布乐》中描述过，别人满足了这些要求后，施虐者对此根本毫无感恩，他的这些要求会水涨船高，以求伤害他人，让别人体会他的处境。这可能涉及物质生活、性需求或者事业上的帮助。他可能会要求受虐者特别关照自己、专宠一人、无限容忍。这些要求中并没有具体的施虐行为，指向施虐本质的线索在于，行为人期望对方应该不惜一切地填满他空荡荡的情感生活。海达·高布乐也很好地展现了这一点，她总是抱怨觉得无聊，因而不断寻求刺激与兴奋。这类人就像吸血鬼，需要另一个人付出情感上的生命力不断喂养他们，这种需求无一例外都是完全无意识的。但剥削很可能是其最基础的渴望，也是表面上那些要求得以滋生的土壤。

当我们认识到施虐者同时具有挫伤他人的倾向时，这种剥削的本质就会更趋清晰。如果说施虐者绝不想有任何付出，那就错了。在特定情况下，他会很慷慨。施虐狂的典型特征，不是贪恋占有、吝于付出，而是虽然无意识，但却有更强的冲动去阻挠他人，扼杀他们的乐趣，让他们希望落空。对方一旦得到满足或恢复乐观，施虐者心中几乎总会无法抗拒地激起想方设法让对方扫兴的念头。如果对方盼着见他，他就阴沉着脸。如果伴侣想和他共赴巫山，他就故作冷淡，甚至不举。他甚至不必有何积极举动，也不必事事挫败，只要把阴郁的气氛传染给他人，就足以让人沮丧。借用阿道司·赫胥黎[1]的话："他什么都不必做。他在那儿，这就够了。就因为受了感染，他们便干枯发黑了。"之后还有一段："这种对权力的追求是何等纯粹而精妙，这份残忍又是何等优雅！这又是何等的天赋，能让自己阴郁的情绪感染别人，甚至浇凉了最高贵的灵魂，浇灭了一切可能的欢愉。"

同样重要的还有施虐者贬低、羞辱他人的倾向。他明显热衷于挑刺找碴，发现别人的弱点并指出来。他本能地知道别人对什么敏感，知道如何伤害他们的感情。而且他倾向于利用自己的直觉无情地批判别人。这种行为可以通过合理化包装成诚恳待人或者乐于助人的态度。他总是信不过别人的能力或人品，他相信自己真心为此而苦恼，但别人质疑他是否真的怀疑别人时，他就会惊慌失措。这也会表现为纯粹的疑神疑鬼。患者会说："我要是能信任他就好了！"但是，患者在梦中已经把对方解读成各种恶心的东西，从蟑螂到老鼠，那么他怎么可能相信对方！换言之，猜疑可以纯粹是患者内心藐视他人的结果。如果施虐者没有意识到其藐视他人的态度，那他就只能意识到这一态度导致的猜疑。此外，将其称为对找碴挑刺的执着，比单纯称为一种倾向更为合适。他不但把挑刺的目光投向实际存在的缺陷，还会极其娴熟地把自身过错外化，给别人罗织罪名。例如，如果他自己的举动让某人烦心，他会立刻表现得关注甚至鄙视对方的情绪波动。如果对方在受到他威胁后还不彻底

[1] 阿道司·赫胥黎，《时间必须停止》，哈勃兄弟出版社，1944年。

坦白，他就会斥责对方鬼鬼祟祟、谎话连篇。他一方面竭尽全力让对方依赖自己；另一方面又斥责对方不能自立，全要靠他。这种伤害不只是嘴上说说，更伴有各种充满鄙夷的行径，羞辱、贬低性行为便是一种表现形式。

这些驱动力中任何一者受挫，或者局面变了天，施虐者觉得自己被人支配、利用或者嘲弄，他就会一时间怒不可遏。于是，在施虐者想象中，什么折磨都不足以严厉地惩罚冒犯自己的人，施虐者会踹他、揍他、把他削成片。但这些施虐性暴怒可以反过来被压抑住，引起强烈的恐惧或者肉体上某些功能障碍，这是内心紧张加剧的表现。

那么，这些倾向的意义何在？患者做出如此残忍的行径是受何驱使？有人认为施虐倾向是性驱动力变态的表现，实际上这一观点毫无根据。确实这些倾向可以表现在性行为上。我们人格上的一切态度必然在性领域有所表现，就像在工作、走姿、笔记中一样。施虐倾向在性领域有所表现也毫不违背这一普遍规律。确实很多施虐行为也带有某种兴奋，或者如我反复所说的，带有某种醉人心魄的激情。然而，如果就此得出结论说这些刺激或兴奋的本质即是性快感，而不管真实感受如何，那这一结论的前提就在于任何兴奋本身都是性快感这一假设。但是没有证据支持这一假设。从现象上看，施虐激情与性快感在本质上完全不同。

有人断言施虐冲动是婴儿期残留下来的倾向，这一观点有一定吸引力，因为小孩子常常残忍地对待动物，甚至是更幼小的孩子，且看起来会从中获得刺激感。这种表面上的相似会让人认为，成长只会使儿童的残忍更加纯粹了。但实际上，这种残忍不只是变得更纯粹了：成年施虐者的残忍是另一种倾向。如我们可见，它具有明显的特征，而儿童自发的残忍则并没有。儿童的残忍，看起来像是感觉受到压迫或羞辱后相对简单的反应。孩子对更弱小者实施报复，以此彰显自己的权力。具体的施虐倾向则表现得更为复杂，其根源也更为复杂。除此以外，与任何企图以先前经历直接解释后发怪癖的尝试一样，这也留下了一个极其重要的根本问题亟待回答：是哪些因素使得这种残忍得以保留并演进?

上述假设都只与施虐狂的某一方面有关，在这个例子里是性欲，在另一个里则是残忍，而且还无法解释这些特征。艾里希·弗洛姆[1]的解释也是如此，虽然这一解释比其他假设更为接近问题的本质。弗洛姆指出，施虐者不想让自己奴役的人毁灭，但由于他无法活出自己，所以必须把对方作为自己存在的象征。事实诚然如此，但是这并不能充分解释为什么一个人会受强迫性力量驱使去干预他人的生活，或者为什么干预的形式如此怪异。

如果我们把施虐看作一种神经症症状，首先我们依然不应先尝试解释症状本身，而应先寻求理解导致这一症状的人格结构。从这个角度观察这一问题时，我们就会发现，一个人若不是深感自己人生无用，便绝不会产生明显的施虐倾向。临床检查逐步揭示出这一点之前，诗人的直觉便早已感知到了这一前提。在海达·高布乐和诱奸者的例子里，主人公要想靠自己有所成就或改善生活，都或多

[1] 艾里希·弗洛姆，《逃避自由》，法勒与莱因哈特出版社，1941年。

或少地希望渺茫。面对这一处境，他无处可逃，必然满腔仇恨。他觉得别人永远排挤他，要踩着他上位。

于是，他开始痛恨生活以及生活中的一切积极因素。他的痛恨中又燃烧着妒火，就像一个人有所渴求而始终不得一般。他感到生命匆匆流过，嫉妒中充满苦恨。尼采将其称为“Lebensneid”，意即“生活在嫉恨中”。他也感觉不到别人的悲伤：“他们”坐在桌前，而他饥肠辘辘地奔波；“他们”去爱，去创作，去享受，感觉健康自在，有所归属。别人的幸福和对欢愉“幼稚的”期待会将他激怒。如果他不能幸福、自由，那别人凭什么拥有？按照陀思妥耶夫斯基笔下那个白痴的话来说，他无法原谅别人拥有幸福，必须践踏他人的快乐。他的这种心态可见于一位罹患肺结核的教师的故事：这位教师会往学生的三明治上吐口水，为自己手握摧垮他人的权力而兴高采烈。这便是出于报复性嫉妒的有意识行为。施虐狂挫伤、摧毁他人精神的倾向则无一例外地埋在无意识层面的深处。但他与那个老师一样怀有恶意：让别人分担他的痛苦，如果别人像他一样遭遇挫败、被人贬低，他自己的悲伤便有所缓和，因为他不再觉得自己是唯一的受苦者了。

为了缓解让他心烦意乱的妒意，他还有一个运用纯熟的办法——“酸葡萄”策略，即使是经过训练的观察者也会被其轻易蒙蔽。事实上，他的嫉妒埋藏得极深，若是有人稍微暗示他心存这种妒意，他便会加以嘲弄。所以，他关注生活中痛苦、沉重或丑陋的方面，这不只是他内心痛苦的表现，更表明他有意向自己证明：他自己没有遗漏一丝一毫。他不断地挑刺、贬损，部分原因也在于此。例如，他会注意到美女身上的不完美处；走进房间，他会关注与环境不匹配的颜色或家具；他会挑出一篇近乎完美的演讲里些许的瑕疵。同样，其他人生活中、性格上、可能的动机上有任何错误，也总会让他小题大做。如果他老于世故，就会把这种心态归因于自己对不完美处的敏感。但事实是，他搜索的目光只关注这些，而对其他方面全部视而不见。

虽然他成功缓解了自己的妒意，释放了内心的憎恨，但他贬低一切的心态反过来引起了持续的失落和不满。例如，如果他有孩子，那他主要考虑的就是随之而来的负担与责任；如果他没有孩子，他就会觉得错过了人生最重要的经历；如果他没有性生活，他觉得若有所失，担心禁欲的危害；如果他有性生活，他就会为此感到羞耻；如果他有机会出去旅行，他会为种种不便而烦恼；如果他没机会出门，他会觉得宅在家里很丢脸。因为他看不到这种长期的失意根源在他自己心里，便觉得有权利让别人认识到他们多么让自己失望，进而提出更高的要求；可就算满足了新的要求，他也不会心满意足。

这种痛苦的嫉妒、贬低他人的趋势以及由此引发的不满，一定程度上解释了某些施虐倾向。我们理解了为什么施虐者会受内心驱使去挫伤他人、制造痛苦、挑刺找碴、得寸进尺。但是我们依然无法评估其破坏性的大小以及自以为是的程度，这就要求我们思考他的绝望对其与自身关系有何影响。

一方面施虐者违反了人类行为最基本的要求；另一方面他又心怀一个理想化形象，其道德高尚且标准僵化。（我们之前谈到过。）有些人无望达到这些标准，就索性破罐子破摔，有意识或无意识地决心坏到底，施虐者就属于这一种人。他或许真的成了大“坏”人，并绝望地沉湎其中。但这样一来理想化形象与真实自我之间的鸿沟便无法逾越了。他感到无可挽回、无法原谅，在绝望中越陷越深，渐渐地像一无所有也就无可失去的人那样无所顾忌。只要这种状态延续下去，他实际上就无法秉持建设性的心态打理自己。任何想直接让他变得进取的人都必然无功而返，反而显露出其对施虐者处境的无知。

他厌恶自己，这种情绪严重到他甚至都不敢看自己一眼。他必须继续强化已有的自以为是的正义感，以此自保。对他丝毫的批评、忽视，或者稍欠格外尊敬，都会引发他的自卑，于是，这些行为都必须被视为不公平之举加以抵制。所以，他被迫外化其自卑，故而责备、痛斥、羞辱他人。可这一步让他跌入徒劳无功的恶性循环：他越是鄙视他人，便越是不了解自己内心的自鄙，这种自鄙的情绪就会越来越残暴，他也会越来越绝望。攻击他人成为关乎自我存亡的大事。这一过程可见于前述一个例子，该病例中患者指责丈夫犹豫不决，当意识到她实际上是为自己性格犹豫而大发雷霆时，她简直要崩溃得粉身碎骨。

从这个角度开始，我们就逐渐理解了施虐者为何必须贬低他人。他这种强迫性的，甚至时而狂热的力量，驱使他改造别人，或者至少改造其伴侣。现在我们也可以看到其内在逻辑了。因为他自己无法达到理想化形象的要求，那对方就必须做到。如果对方在这方面稍有差池，他对自己无情的怒气便都撒在了对方身上。有时，他会扪心自问："我何不抛下她不管呢？"但显然，只要他内心不断挣扎，且挣扎都被外化，那这种理性的考虑便百无一用。他常常把施加在对方身上的压力合理化为"爱"或对对方个人"成长"的关注。毋庸赘言，这根本不是爱，也不是关注对方能否依照自身规律和意愿成长。事实上，作为施虐者，他试图把达到自己的理想化形象要求这个不可完成的任务，强加到对方的身上。他用自以为是的正义感抵御自卑，这种态度让他得以光明正大地把这件事强加于人。

理解这一内心挣扎也让我们能更加看清施虐症状固有的、更加普遍的另一个因素，那就是常常如毒药般渗透到施虐者每个细胞里的复仇心理。他想复仇，也必然如此，因为他把对自己的强烈鄙视转而对外。他自以为是的态度让他看不到所有问题中自己的责任，所以他必然觉得自己被虐待、被迫害。他看不到自己一切绝望的根源在于自身，所以必然认为别人应当为此负责。他们毁了自己的生活，必须补偿，必须承受将要遭遇的一切。正是这种复仇心理胜过其他任何因素，才扼杀了他内心的一切同情与怜悯。他又何必对那些毁了自己人生的人心怀慈悲——况且他们过得还比自己舒坦？在个别案例中，这种复仇欲可以是有意识的，患者会意识到这一欲望，比如说针对父母。然而，他并未意识到这是一种蔓延开来的人格倾向。

如我们目前可见，施虐者感觉自己被排挤、被诅咒，因而狂性大发，把自己的满腔怒火盲目地发泄在别人身上，以图复仇。我们现在可以理解，他陷别人于悲惨境地，是想缓解自己的痛苦。但这种解释还不够，破坏性因素本身并不能解释施虐中疯狂的激情，而这是诸多施虐行为的一大特征。施虐中必然有某些更积极的收获，且对施虐者意义非凡。这一主张看似与“施虐是绝望的产物”这一假设矛盾。一个绝望的人怎么会有所期待并执着追求，更何况还如此耗费精力？然而实际上，从主观的角度看，可能的收获十分可观。通过贬低他人，他不但缓解了自身无法忍受的自卑，同时还获得了优越感。塑造了别人的人生时，他不但感到自己具有影响他人的权力，令他精神一振，同时还为自己的人生找到了另一种意义；利用别人的情感时，他让自己的情感生活得以“重生”，从而使自己不再觉得那么虚无；战胜了别人时，他得意扬扬，模糊了自身失败引发的绝望。这种对大仇得报的渴望很可能是他内心最强烈的动力。

他的一切追求也满足了他对刺激与兴奋的渴求。一个身心健康、心理平衡的人不需要这些刺激。越是成熟的人越不在意这些。但施虐者的情感生活空无一物，除了愤怒与得意，其他一切感受几乎都被扼杀了。他整个人如行尸走肉一般，所以需要这些强烈的刺激让他感到自己还活着。

最后，他的施虐行为让他觉得自己强大、自豪，这巩固了他无意识的全能感。在精神分析过程中，患者对自身施虐倾向的态度会发生深刻的变化。刚意识到这一点时，他会对这些倾向持批判态度。他虽然暗示反对这些倾向，却并非全心全意如此，毋宁说是在迎合主流标准。他时而憎恶自己，可之后当他距离抛弃施虐生活方式只有一步之遥时，会突然觉得即将失去什么珍贵的东西。于是，他会第一次有意识地为自己能够对别人为所欲为而沾沾自喜。他会表示担心精神分析将他变成一个可鄙的懦夫。然后，就像在精神分析中常见的那样，患者主观地认可了这一忧虑：若是无权操控别人满足自己的情感需求，他就会觉得自己就是个无助的可怜虫。到时候他便会认识到，之前他从施虐中感觉到的强大、自豪都只是廉价的代用品。这种感觉对他而言之所以宝贵，全在于他得不到真正的强大与自豪。

如果意识到了这些成就的本质，我们就会发现，绝望的人确实可能疯狂地追寻某物，这一观点并不自相矛盾。但他并非追求更大的自由或自我实现：陷他于绝望中的一切均未改变，且他也并不相信这些会改变。他追寻的只是那些代用品。

这些情感上的成就是通过角色替代来获取的。施虐狂意味着生活方式具有攻击性，且大多数情况下具有破坏性，目标就是他人。但这是一个彻底的失败者活下去的唯一方式——他只能攫取。在这个意义上，施虐行为的目标是积极的，且必须将其视为寻求治愈的尝试。患者之所以如此激烈地追求这一目标，原因在于通过战胜他人，施虐者能够忘却自身强烈的挫败感。

然而，施虐性行为内在的破坏性因素不可能不影响其个人。我们已经指出这会加深自卑。同样重要的影响还有焦虑的蔓延。这一定程度上说是对报复的恐惧：他害怕别人会以其人之道还治其人之身——或者会这么想。在意识层面，相比于恐惧，这更多表现为简单地盲目认为，如果有机会，或者说，如果他不持续先发制人的话，别人就会“让他吃苦头”。他必须高度警觉，预判在前，先发制人，要出于各种实际考虑，确保自己不受侵犯。他无意识中相信自己不可侵犯，这一信念影响可观。这让他产生了傲慢的安全感：他绝不会受伤，绝不会暴露，绝不会遭遇意外或者感染疾病，甚至绝不会死去。如果他恰恰为他人或环境所伤，其伪安全感就会随之土崩瓦解，而他也会为极度的恐惧所控制。

他的焦虑一部分是对自己内心爆炸性、破坏性因素的恐惧。他觉得自己像扛着一个高爆炸弹到处走。他不得不过度自控，保持警惕，确保这些危险的因素在其控制之下。喝酒时，如果他不是被吓得在酒精的作用下都不敢放松，那么这些因素就会浮出水面。那时，他便会疯狂地破坏。在面对诱惑的特定情形下，这种冲动也会更加接近他的意识层面。左拉的小说《人兽》中的施虐者被一位女孩吸引后，竟然心生谋杀她的冲动，这让他惶恐不已。每当目击一场事故或是任何残忍的行径，患者都会身陷恐惧，因为这唤醒了他内心的破坏性冲动。

自卑与焦虑这两个因素在很大程度上压抑了施虐冲动。压抑的程度各有不同，破坏性冲动往往处于意识层面之外。他在自己不知不觉之中便已施虐，这着实令人震惊。他只是意识到，自己偶尔有虐待弱者的欲望，在读到描写施虐行为的文字时会兴奋，或者有一些明显的施虐幻想。但这些零星的现象都仍是碎片化的，互不联系。其日常待人之所为，大多仍是无意识的。他对自己、对他人的感受麻木不仁，这一因素使得其在施虐方面的问题含混不清：唯有驱散这层迷雾，他才能在情感上体验到自己的所作所为。此外，他用来掩盖施虐倾向的借口，常常精巧得不但足以自欺，甚至足以欺骗受害者。我们不要忘记，施虐狂是严重神经症的最高阶段。因此这些借口的种类取决于滋生神经症倾向的具体人格结构。例如，屈从型人格者会无意识地在爱的伪装下奴役伙伴。他的欲望取决于他的需求：因为他自己无助、忧郁或者病态，对方就得为他服务；因为他无法独处，对方就得一直陪着他；他会无意识地表明别人让他何等痛苦，以此委婉地表达责备之意。

攻击型人格者则相当赤裸裸地表达其施虐倾向，然而，这并不意味着他对这些倾向有所意识。他毫不犹豫地表现出不满、嘲讽，提出自己的要求，不但理直气壮，而且觉得自己只是直言不讳。他还会外化对他人的无视，外化他利用别人这一事实，赤裸裸地指责对方虐待了自己，以此胁迫对方。

唯独疏远型人格者不会突兀地表现出施虐倾向。他会不动声色地给别人使绊子，自己来去自由，把不安留给别人，让人觉得自己束缚或打扰了他，为别人出洋相而窃喜。

但是施虐冲动则会被压抑得更深，所引发的症状或许可以被称为“施虐倒错”，即指患者对这些冲动极度恐惧，他收缩防御，避免这些倾向暴露在别人或自己面前。他会回避一切显得武断、好斗或敌对的事物，进而在越来越多的方面深深地克制自己。

简单梳理一下，我们便能理解这一心理活动的后果。为了防止自己奴役他人，就要让自己绝不发号施令，尽可能避免承担责任、担任领导。这意味着他在提出建议、施加影响时势必谨小慎微，哪怕是合理的羡慕，也不得不压抑。事态不尽如人意时，一位优秀的观察者也只会注意到他有头痛、胃病或者其他某种症状。

为了避免剥削他人，患者产生自我磨灭的倾向。这表现为不敢提出任何愿望，甚至不敢心存期待；不敢反抗苛待，甚至不敢觉得被苛待；倾向于认为别人的期望或要求比自己的更合理或更重要；宁愿被剥削，也不愿主张自己的利益。这样的处境总让他进退两难。他为自己剥削他人的冲动而震惊，但又鄙视自己一味忍让，将其斥为懦弱。被人剥削时——这种事自然会发生——他就会进退维谷，无法脱身，产生抑郁或其他功能性症状。

同样，患者不敢挫伤他人，为了能考虑周到、态度慷慨、不让他人失望，他反而过于焦虑。他会不辞劳苦地避免一切可能会伤及他人感受或脸面的事。他会本能地说一些“体面”话——例如表示赞许等，以增强他人的自信。他习惯主动自责，一再道歉。如果不得不批评他人，他一定会尽可能选择最温和的方式。即使别人对他态度粗暴，他也会表示“理解”，忍而不发。但与此同时，他又对这背后的羞辱与痛苦极度敏感。

施虐倾向如被深深地压抑着，其对患者感情的影响会让位于自认为无法吸引任何人的无力感。于是他会真诚地相信自己对异性毫无吸引力，而且他该对此知足，然而他却常常无视相反的证据。这种情况下，要说他自我感觉低人一等，简直就是换个说法说他意识到自卑且表现出来了。但有一点，他自我感觉毫无吸引力，可能是他在无意识地逃避征服与抗拒这个激情四射、充满诱惑的游戏。在精神分析过程中，我们渐渐就会明白患者无意识中扭曲了他对恋爱关系的总体理解。此外，一个有趣的变化也会发生：“丑小鸭”会意识到自身的欲望以及对他人的吸引力，但只要别人把他的套近乎当真了，他便会满怀鄙视、义正词严地转身离开。

这样塑造出的人格形象具有欺骗性，且难以评估。其与屈从型人格的相似程度惊人。实际上，明目张胆的施虐者常常属于攻击型人格者，而施虐倒错患者起初则常常以屈从性倾向为主导。二者的相似之处在于，这个人童年时曾遭受沉重的打击，并被迫屈服。他已经扭曲了自己的感受，不去反抗压迫者，而是爱上了他们。随着他长大（可能在青春期前后），这些冲突已经让他难以忍受，他不得不以孤僻来逃避冲突。但遭遇失败后，他再也承受不起象牙塔里的清高了。于是，他看起来回到了以前有求于人的状态，但区别在于：他如此疯狂地渴求他人的情感，甚至愿意不惜代价地避免落单。与此同时，他获得他人情感的希望则近乎渺茫，因为他需要孤僻，这种需求依然存在，而且不断干扰他建立情感联系的努力。他在这种纠结中精疲力竭，终于绝望，并产生施虐倾向。但是他对他人的需要始终存在，他不但要压抑自身的施虐倾向，还要收缩防御，掩盖这一倾向。

在这种情况下，与他人相处成了一种压力，虽然他自己并没有意识到。他倾向于言行夸张且羞涩。他要一直扮演与其施虐冲动相矛盾的角色。很自然地，他自我感觉很喜欢别人，可在精神分析过程中，他觉醒了，意识到自己对他人没什么感觉，或者很不清楚这到底是什么感觉，他就会深感震惊。这时，他会倾向于认为这种表面上的情感匮乏且不可改变，但实际上他只是处于抛弃积极情绪的伪装过程中，无意识中宁愿什么都不去感受也不想直面施虐倾向。只有当他认识到这些冲动，并开始克服这些冲动时，患者对他人的积极感受才会随之产生。

即使如此，在经过训练的观察者眼中，全局之中还是有一些因素，可以显示出患者具有施虐倾向。首先，总有一些方法可以逐渐显露其威胁、剥削、挫伤他人的行为。我们常常可以看出，患者无意识中鄙视他人，并将此肤浅地归因于他人道德水准偏低。其次，患者也常有一些不和谐处，表明其具有施虐倾向。例如，患者有时会看起来无限容忍针对自己的施虐行为，有时则对丝毫的支配、剥削或羞辱都极其敏感。最后，他会让人觉得自己是“受虐狂”，具体来讲，就是沉浸在被迫害的感觉中。但是，因为该术语及其概念本身就具有误导性，所以最好回避这种表述，转而以涉及的诸多因素来描述它。施虐倒错患者普遍压抑维护自身权益的欲望，因此在任何情况下都会被轻易地苛待。但除此以外，因为他为自己的软弱而烦恼，所以他实际上常常会吸引公开的施虐者，并立刻对这些公开的施虐者爱恨交织，而后者在他们身上也嗅到愿意被虐待的气息，也被施虐倒错者吸引住了。所以是施虐倒错者自己选择了这条受剥削、被挫伤、遭羞辱的道路。然而，他绝非享受这种虐待，相反，他感到痛苦。他从中得到的是通过他人释放自身施虐冲动，而无须面对自身施虐倾向的机会。他会感觉清白无辜、义愤填膺，与此同时又希望从施虐者身上获益并战胜他。

弗洛伊德观察到了我描述的情况，但他把基本观点盲目地扩大了，因此曲解了这些发现。为了把这些发现套进他的整个理论框架，他把这些发现作为证据，证明一个人不论表面上有多好，其内在本质还是具有破坏性的。而实际上，这只是特定类型神经症导致的特定结果。

我们不辞劳苦，从把施虐者视为性变态，或用复杂的术语指责其卑鄙恶毒的观点一路讨论至此。性变态的情况相对罕见，即使存在，也只是待人总体态度的一种表现。破坏性倾向无可否认，但如果理解了这些倾向，我们就会看到这些看似非人性的行径背后那痛苦的灵魂。我们在这里打开一个缺口，使得通过治疗触及他们的灵魂成为可能。我们发现，这是一个个绝望的人，在为自己失败的人生寻求补偿。

【三颗钻专家伴读】

结 论

李孟潮

在本书的最后这一部分，霍妮显然是想要教读者们如何进行精神分析治疗，她总结了很多治疗的要点。这里应该给读者们一个预警，以下的内容更适合心理咨询师，尤其针对学习过精神分析基础课程的学员。

霍妮首先提出，仅仅觉知到分裂是不够的，而且分析过程中会遇到各种阻抗。她设问，如果我们进行弗洛伊德式还原分析，“万事回归五岁前”，是否就足以疗愈？答案仍然是不够。虽然这会让个案以“更加宽容慈悲的态度面对自己”。

那究竟应该怎么办呢？

霍妮的答案是改善形成人格障碍的基本条件，这些基本条件包括“疏远自我和他人，感到无助，忧虑扩散，人际关系敌对而紧张”。相应地，治疗目标包括三个方面：1）找回自己，意识到自身真实的感受与需要；2）形成自己的价值观体系；3）在自身感受和信念基础上建立与他人的关系。

为了达到这三个目标，她论述了分析的治疗过程，包括两个部分：第一部分是分析个案的“主导性心态、理想化现象、外化行为的含义”；第二部分是处理冲突本身，尤其是分析这些冲突具体如何产生影响。

在本书的最后，霍妮还提出了精神分析的最终目标，这两页非常鼓舞人心，值得反复阅读。这些目标可以用四“自”来概括：自成一体、自由自在、自得其乐、自性圆满。作为1945年的作品，这些内容是非常前卫的，但是从今天的角度来看，这些技术要点要么已经被后来者吸收，要么被其他学派超越。如果今天的咨询师们希望学习人格障碍的心理治疗，可能从以下路径出发比较适合。

首先，可以学习人格障碍的整合模块疗法，这种疗法整合了多种人格障碍的疗法，把它们分配到不同的模块，进行辨证施治。

其次，是根据个案的不同类型学习三种疗法，分别是辩证行为治疗、移情焦点治疗和图式治疗。

辩证行为治疗被称为人格障碍治疗的金标准。它的优势在于通过四套技术完整地修补好个案缺乏的应对机制，这四套技术也被总结为数十种自助技术，应该说，这是所有其他疗法的基础。如果没有这数十种技术为基础，盲目地进行精神分析，那很容易引发个案的崩溃和焦虑。

但是治疗师只要试图教授技术给个案，就会引发个案多个层次的冲突，尤其是第二层次的控制情结，所以治疗师必须学会及时地分析移情和阻抗，这方面无疑是移情焦点治疗的长项。

随着移情和阻抗的缓解，个案学会了辩证行为治疗的各种技术，不再动不动就崩溃，这时我们可以逐渐进展到自体和客体的分析，这方面而言，移情焦点治疗并没有相关的自助书籍来帮助个案，但是图式治疗就有很多的自助手册。

最后，如果人格障碍者已经人到中年，或者也有这样的情况——有些人格障碍者年轻的时候已经被治好了，但是人到中年，面临中年危机，其病情有可能复发，这时候，可能还要合并荣格分析。

结论：神经症冲突的解决

我们越是意识到神经症冲突如何对人格造成无法估量的损害，真正解决这些冲突就显得越为紧迫。但如我们现在所知，要想实现这一目标，不能靠理性决策，不能靠逃避问题，不能靠意志力支撑，那么这又如何才能实现呢？那就只有一个办法：要想解决这些冲突，就只有靠改变其人格中滋生这些冲突的条件。

这是治本之道，也极难。考虑到改变自我要面临的诸多困难，就完全可以理解我们应该设法走捷径。可能这就是为什么包括患者在内的所有人都会频繁地问这个问题：看到自身的基本冲突是不是就够了？答案很明确，不够。

即使精神分析医生在精神分析初期就早早判断出患者内心是如何分裂的，且能帮助患者认识到这一分裂，这一洞见也并无直接的意义。患者看到了各种麻烦背后真真切切的原因，不必在神秘的迷雾里茫然无措，从这个角度说，这当然能让患者释放一定的心理压力，但患者却无法将之应用在自己的实际生活中。仅仅认识到内心各种因素相互作用、相互干扰，并不能减轻患者内心的分裂。得知这些情况时，他就像听到陌生的消息，这个消息虽然听起来有理有据，但他却无法认识到这对他来说究竟意味着什么。他必然会无意识地在精神上处处有所保留，使得治疗步履维艰。无意识中他会坚持认为：精神分析医生在夸大其内心冲突的严重性，若非外部环境影响，他会过得挺好；爱情或者成功会让他摆脱沮丧；远离他人就能避免内心冲突；虽然正常人确实难以一仆二主，但他自己意志坚定、聪慧无比，能够做到这一点。或许，患者在无意识中会觉得精神分析医生是个江湖郎中或好心的蠢人，假装专业来粉饰一切；觉得医生应该知道他已经病入膏肓，不可救药——这就意味着，患者用自己的绝望感来回应精神分析医生的建议。

他内心的这些保留表明，患者要么坚持其特定的解决冲突的尝试，在他看来，这些尝试比冲突本身更现实，或者他已经对治愈彻底绝望。在能够有效处理基本冲突之前，必须先让患者想通所有的这些尝试及其结果。

患者想走捷径，但这就引出了另一个问题，并因弗洛伊德对遗传的强调而显得更为重要：如果这些相互冲突的驱动力，一经发现就将之与其起源及童年生活中的早期表现联系起来，是否就已足够？答案同样也是：不够。对大多数人而言，原因也是一样的。即使让患者事无巨细地回忆早年经历，对患者的帮助也不过是能让他以更加宽容慈悲的态度面对自己，根本不可能减轻现有冲突造成的破坏。

综合理解患者早期所处环境的影响及其造成的童年人格变化，

虽然缺乏直接治疗价值，但确实能引导我们探索神经症冲突形成的条件。[1]毕竟，最初引发这些冲突的正是患者在与人、与己的关系上的变化。之前出版的作品[2]及本书的前几章里，我已经描述了这种病情的发展过程。简而言之，孩子会发现自己所处的环境威胁到了自己的内心自由、天性、安全感、自信心——其精神生活的核心。他感觉孤立无助，因而他最初尝试与他人建立联系并不是出自其真实感受，而是策略需要。他无法简单地选择喜欢或不喜欢、信任或不信任、表达自己的意愿或者抗议别人的要求，只能本能地设法与人打交道，在尽可能降低自身损失的前提下去操纵别人。这一方式中形成的基本特征可以归纳为：疏远自我与他人，感到无助，忧虑扩散，人际关系敌对而紧张，从普遍的警惕心到具体的仇恨，不一而足。

只要这些条件还存在，神经症患者就不可能摆脱任何相互冲突的驱动力。相反，产生这些驱动力的内心需求随着神经症病情的发展而变得越来越紧迫。伪解决方案只不过进一步扰乱了他与人、与己的关系，并且意味着离真正的解决之道已经越来越远。

因此，治疗的目标必须是改变这些条件本身。神经症患者应该得到帮助去找回自己，意识到自身真实的感受与需要，形成自己的价值观体系，在自身感受与信念基础上建立与他人的关系。如果我们能靠魔法实现这一切的话，那么无须触及这些冲突便可将其消

[1] 普遍认为，这样的认知也具有巨大的预防价值。如果我们知道哪些环境因素有助于儿童成长，哪些则阻滞其成长，那么我们就有办法预防后代罹患神经症。

[2] 参见卡伦·霍妮《精神分析的新方向》第八章及《自我分析》第二章。

除。然而世间没有魔法，那么我们就必须知道要采取哪些步骤向理想的方向转变。

因为每一种神经症，不论其症状多么戏剧性或看起来与个人多么无关，都是人格失常，治疗的任务便在于分析整个神经症的人格结构。因此，把这一结构及其个体变化定义得越清晰，我们就能把要做的工作描述得越准确。如果我们把神经症视为围绕基本冲突而建的保护体系，那么精神分析工作可以大致分为两部分。一部分是详细审视该患者无意识中为解决冲突而采取的一切措施，以及这些措施对其整个人格的影响。这包括分析其主导性心态、理想化形象、外化行为等的所有含义，而无须考虑其与背后的冲突之间具体的关系。有人认为一个人在关注基本冲突前无法理解、处理这些因素，这是一种误解，因为虽然这些因素是为和谐解决冲突而生，但它们自有其特点、意义和影响力。

另一部分工作主要是处理冲突本身。这意味着不只要让患者意识到这些冲突的大概情况，还要帮助患者发现这些冲突具体如何产生影响——换言之，他内心互不兼容的驱动力及其产生的心态在具体情境下如何互相干扰：例如，在施虐倒错的强化之下，保持低调的需求如何阻碍他赢得比赛，或者在竞争性工作中脱颖而出，而与此同时他想要胜人一筹的驱动力又使得赢得胜利成为紧迫的需要；又比如，各种不同根源滋生出的禁欲主义，是如何干扰了对同情、情感和自我放纵的需求。我们还要让患者明白他是怎样在极端之间摇摆：例如，他是如何时而律己过严，时而又待己过宽；或者他对自己的要求在外化之后，可能又经过施虐驱动力的强化，是如何与其让自己通晓一切、包容一切的需求产生冲突的，结果又是如何让他在谴责他人与宽宥他人之间摇摆不定的；或者他是如何要求享有所有权利，又觉得自己毫无权利可言的。

这部分分析工作可以进一步指导我们解读那些明明不可能，但患者又试图实现的种种融合与妥协。例如他试图既自我中心又慷慨大度；既要征服别人，又想赢得情感；既要支配别人，又想做出牺牲。这项工作包括帮助患者准确理解其理想化形象、外化行为等是如何魔法般地让冲突消失、如何掩饰这些冲突、如何限制其破坏力的。总而言之，要让患者彻底理解自身的冲突：这些冲突对人格整体上有何影响，以及具体如何引发各种症状。

总之，在精神分析工作的不同阶段，患者会出现不同的抵触行为。在分析其寻求解决冲突的尝试时，患者会执着于为其心态及倾向中固有的主观价值辩护，以此阻挠一切对其真正本质的探索。在分析其冲突时，患者则主要热衷于证明他内心的冲突根本不是冲突，以此模糊、淡化其特定驱动力互不兼容这一事实。

就处理各个主题的顺序而言，弗洛伊德的建议可能始终是最有价值的。针对医学治疗的分析原则，弗洛伊德强调，在着手处理患者的问题时要重点考虑两方面：解读病情应有助益，而不应有害。换言之，精神分析医生必须记住的两个问题是：第一，此时患者能否接受某种观点？第二，解读病情对患者是否有意义、是否能让他采用建设性的思维方式？我们缺少的是准确实用的标准，即判断患者能否接受，以及做什么能激发患者的建设性洞察力。患者之间的结构性差异太大，我们无法事先确定任何刚性标准以判断进行解读的时机，但我们可以以这条原则为指引，等患者的心态发生特定变化之后，再去着手处理特定问题，从而有益于治疗，同时避免过大的风险。在此基础上，我们可以指出一些通用的衡量标准：如果患者还执着于追求被他当成救赎的幻影，那么此时让患者直面任何主要冲突都是无用的。他必须先看到这些追求都是徒劳无功的，反而扰乱了他的生活。以高度精练的话来说，分析患者寻求解决的尝试应先于分析其内心冲突。我并不是说要谨小慎微地避免提及冲突，只是着手处理的方式要多谨慎，取决于其整个神经症结构有多脆弱。对有些患者而言，过早指出其内心冲突会让他们陷入恐惧。对其他人而言，这毫无意义，只是一阵耳旁风，听过即忘。但是按照逻辑，只要患者还坚持其特定的解决办法，无意识中还想这样“熬”过去，就很难期望患者真正关注其内心冲突。

另一个需要谨慎开启的话题是理想化形象。至于在哪些条件下，可以在较早的阶段触及这一问题的某些方面，此刻谈这一点未免离题太远。然而，还是建议保持谨慎，因为理想化形象往往是患者能够真正看到的唯一部分。除此以外，这还可能是患者获得某种自尊，避免沉溺于自卑中的唯一方式。患者只有已经具有一定的现实力量后，才能够容忍这一形象崩塌。

在精神分析初期着手处理施虐倾向注定徒劳无功。部分原因在于这些倾向与理想化形象之间的巨大反差。即使在稍后的阶段，患者意识到这些倾向后也会满怀恐惧与憎恶。但还有一个更准确的理由，要求我们把这部分分析工作推迟到患者绝望感减少、能更好地随机应变之后。如果他还在无意识中相信替代性的生活方式是他仅有的出路，那他就不可能对克服施虐倾向感兴趣。

对解读病情的时机选择，指导意见与上述相似，可用于个体治疗中解读时机取决于特定人格结构的情况。例如，一名患者内心以攻击性倾向为主导，将情感鄙视为弱点，赞美一切表现出力量的事物，那他必须先想通这一心态及其一切含义。不论在精神分析医生看来其对亲密人际关系的需求有多明显，如果优先处理这一点那就错了。患者憎恶这种行为，将其视为对自身安全的威胁。他会觉得精神分析医生想把他变成一个“伪君子”，所以不得不保持戒备心。只有当他更加强大了，他才能容忍自身屈从和自我磨灭的倾向。对这样的患者，医生也有必要避免在特定时间触及绝望感这一问题，因为患者很可能抵触承认任何此类感受。对他而言，绝望感就意味着承认失败、自怜自艾，这是一种耻辱，叫人反感。相反，如果屈从性倾向占据主导，那么，在处理任何支配或复仇倾向之前，患者应先彻底想通“接近”人涉及的各方面因素。同样，如果患者将自己视为大天才、好爱人，那么着手处理他对被鄙视、被拒绝的恐惧就完全是浪费时间，而此时处理自卑感就更是劳而无功了。

有时，一开始能够处理的问题范围很有限。如若高度的外化与僵硬的自我理想化相结合，那就更是如此，因为这种心态容不下丝毫瑕疵。如果某些征兆显示这种情况，那么哪怕只是稍微暗示患者所处困境的根源在于他自己，患者都会回避对病情的一切解读，这倒是省了不少工夫。不过，在这一阶段倒可以触及理想化形象的某些方面，如患者对自己的苛求。

熟悉神经症性人格结构的动力，有助于精神分析医生更快、更简洁明了地掌握患者通过联想所要表达的内容，以及此刻应该着手处理的问题。医生能发现看似不起眼的征兆，并据此预见患者人格的整个方面，从而引导他注意应予关注的因素。他的态度就像一个内科医生，得知患者咳嗽、夜间盗汗、不到傍晚就感到疲倦时，就会考虑肺结核的可能性，并在后续检查中采取针对性的措施。

例如，如果患者行为上总爱认错，轻易就崇拜精神分析医生，并在联想中表现出自我磨灭的倾向，精神分析医生就会看到“亲近人”涉及的各种因素，就会审视该倾向占据患者主导心态的可能性。如果他发现进一步的证据，就会从任何可能的角度着手。同样，如果一个患者不断谈自己受辱的经历，并显示出他也这么看待精神分析，精神分析医生就会明白他必须处理患者对受辱的恐惧，就会选择当时最可能的恐惧来源进行解读。例如，如果患者已经部分认识到其理想化形象，医生就可能会将这种恐惧与患者希望理想化形象得到肯定的需求联系起来。同样，如果患者在精神分析中表现出惰性，并谈到感觉注定命不好，那么，只要当时有可能，精神分析医生就必须处理其绝望感。如果这种情况一开始就已出现，医生可能只能指出其含义，具体来讲，就是患者自暴自弃了。随后医生要尝试让患者明白，他的绝望感并非源自真正无可救药的处境，而是一个需要理解并且最终需要解决的问题。如果绝望感在之后的阶段显现出来，精神分析医生就能将其更具体地联系到患者想摆脱的冲突，甚至是想达到其理想化形象要求而导致的绝望。

上述措施仍然留有充分的空间，供精神分析医生运用其直觉及其对患者心理活动的敏感性。这些是宝贵的工具，甚至不可或缺，精神分析医生应当尽可能充分运用。但运用直觉并不意味着治疗流程仅在于“艺术”领域，或者说运用常识便足以解决问题。对神经症性人格结构的理解使得以此为基础的演绎具有严谨的科学性，并让精神分析医生能够以准确、负责的方法进行分析。

然而，因为人格结构的个体差异难以预料，精神分析医生有时只能靠试错来推进工作。我所说的错误不是指粗心大意导致的错误，例如把患者完全陌生的动机强加于他的身上或者未能抓住患者本质的神经症性驱动力。我想说的是精神分析医生常犯的一个错误：在患者还没准备好理解吸收的时候，就开始解读病情。粗心大意的错误可以避免，过早解读病情的错误却永远难以避免。然而，如果我们高度警觉地观察患者对病情解读的反应，并有针对性地开展工作，那么我们就可以更快发现这种错误。在我看来，我们已经过度强调了患者的“抵触”——其对病情解读接受与否，而忽视了他的反应意味着什么。这很不幸，因为这些反应极其详细地表明，要让患者先想通哪些方面才能准备好应对精神分析医生指出的问题。

下列例子可以说明。患者意识到，在私人关系中，对方对他提出的任何要求，都会让他深感愤怒。即使再合理的请求也会被他视为压迫，再理所当然的批评也会被他视为侮辱。与此同时，他要求别人为他付出更多，批评别人时直截了当，并觉得自己理直气壮。换言之，他意识到了自己在索取一切特权，从而剥夺了对方的所有权利。他意识到，这种态度必然会损害甚至摧毁他的友情与婚姻。

到此为止，患者在精神分析过程中一直十分活跃，使得分析富有成果。但认识到自己的心态导致的后果后，他就会在谈话中沉默寡言，出现轻度抑郁与焦虑。其间出现的少数联想也指向想要退缩的强烈倾向，这与他之前急切想与一位女子建立良好关系的态度形成鲜明对比。这种退缩的冲动表明，在他眼中，相互对等何其不可忍受。他理论上接受了权利平等的概念，但在实践中拒绝遵守。他的抑郁是发现自己身处困境，无路可走后的反应，而退缩的倾向则意味着他在摸索着寻求解脱。当他意识到退缩是徒劳的，看到除了改变心态别无他法后，便开始好奇为什么相互对等在自己眼中这么不可接受。随后立即出现的联想表明，他的情绪只感受到两个选择：要么拥有一切权利，要么一无所有。他说出了心中的忧虑：如果他在任何权利上让步，他就再也不能随心所欲地做事，而必须始终服从他人的意愿。这反过来打开了他走向屈从、自我磨灭这一领域的大门，虽然之前对此已有触及，但尚不知其影响有多深远。出于种种原因，他的屈从与依赖强烈到让他不得不霸占一切权利，成为有针对性的人为防御措施。屈从依然是其内心紧迫的需求，此时他若放弃这种防御，就意味着让自己淹没在茫茫人海中。在其能够考虑改变武断的处理方式之前，我们必须先让患者想通他自己的屈从倾向。

本书所说的一切表明，彻底解决一个问题不可能只靠一种方法，我们要从不同角度反复触及这一问题。这是因为，任何一种心态都是由多个根源共同导致的，并在神经症病情发展过程中起到新的作用。例如，息事宁人、忍气吞声的心态最初是对情感的神经症性需求必不可少的一部分，因而在处理这一需求时必然涉及以上态度。理想化形象受到质疑时，也需要这样仔细审视。从这个角度看，息事宁人可以看作患者以圣人自居的表现。这种态度还涉及避免摩擦的需求，讨论患者孤僻的特质时就能理解这一点。同样，如果我们看到患者对他人的恐惧、对回避施虐冲动的需求，这种心态的强迫性本质就会显现得更为清晰。在其他例子里，患者对压迫的敏感性首先会被看作其孤僻倾向产生的防御心态，然后被视为自身渴望权力形成的投射，随后可能被当作外化、自我压迫或其他倾向的表现。

在精神分析过程中，具体化的任何神经症性心态或冲突，都必须从其与整体人格的关系去理解。这就是我说的“想通”。这需要采取下列步骤：让患者意识到其特定倾向或冲突的一切明显或隐蔽的表现，帮助患者认识到其强迫性本质，使患者能够权衡其主观价值与不利后果。

当患者发现自身的神经症性异常表现后，他倾向于逃避检查病情，立刻质问：“怎么会这样？”不论这种行为是否有意识，他希望靠追溯历史根源来解决问题。精神分析医生必须把他从这种在往事里寻求逃避的行为中拉回来，鼓励他先审视有哪些因素涉及其中，换言之，即熟悉这些异常表现本身。他必须了解这些因素的具体表现方式、他加以掩盖的方法以及他自身对此的态度。例如，如果患者对屈从的恐惧已经很清楚，他就必须明白自己是有多恨、多怕、多鄙视自己内心任何形式的自我磨灭。他必须认识到自己无意识中设置种种关卡，从其生活中消灭一切屈从的可能性，乃至屈从倾向涉及的一切。随后他会理解，看起来迥异的种种态度是如何共同实现这一个目标的；他是如何让自己对人的情感变得麻木，以致无法察觉别人的感受、欲望和反应；他是如何让自己变得冷漠无情；他是如何扼杀了对他人的一切好感，以及一切赢得他人好感的欲望；他是何等鄙夷他人的温情与善良；他是如何本能地倾向于拒绝他人的请求；在私人关系中，他是如何觉得自己理所当然可以喜怒无常、尖刻挑剔、待人苛刻，却绝不允许对方这么做。或者，如果患者自我感觉无所不能，那么这一点成了分析的焦点，但他仅仅意识到自己有这种全能感是不够的。他必须看到，他是如何一天到晚让自己去完成不可能完成的任务。例如，他是如何觉得自己能以最快的速度就一个复杂的课题写一篇优秀的论文，或他是如何指望疲惫的自己反应敏捷，机智过人的。在精神分析过程中，他刚瞥见某个问题，便奢望能够解决它。

其次，患者必须认识到，他是在内心力量驱使下按照特定倾向去行动的，无关自身愿望，也并非最有利的选择——倒总是会与之相反。他必须意识到这种强迫性力量始终在影响着自己，常常无关实际情况。例如，他必须看到，自己一样以吹毛求疵的态度对待朋友和对手，不论别人怎么做，患者都会责备对方；如果对方态度和气，他会怀疑这人心里有鬼所以愧疚；如果对方据理力争，那这人就是盛气凌人；如果对方屈服，那这人就是个可怜虫；如果对方喜欢和他在一起，那这人就太好呼来唤去；如果对方有所拒绝，那这人就是个小气鬼；诸如此类。或者，如果正在讨论的是患者不确定自己是否被人需要或受人欢迎，他必须意识到，虽然存在诸多相反的证据，但他这一心态确实始终存在。理解一种倾向的强迫性本质还需要认识到这一倾向受挫时患者的反应。例如，如果已经出现的趋势涉及患者的情感需求，他就必须看到，一旦发现任何征兆表明对方拒绝，或友好态度变淡，不论对他而言这种征兆何等细碎或对方何等无关紧要，他都会感到吃惊、茫然若失。

这些步骤中，第一步显示出患者的特定问题有多严重，第二步则让患者认识到问题背后的力量有多强大。这两步都会唤起他进一步检查的兴趣。

检查某一倾向的主观价值时，患者自己常常会积极主动地提供信息。他会指出，自己蔑视、反抗权威乃至任何代表压迫的事物，这对他而言不但必不可少，而且生死攸关，否则他便会完全被专制家长支配。缺乏自尊心的他一度依赖优越感才能活下去，甚至至今仍然如此，他孤僻或者“无所谓”的态度保护他免受伤害。确实，这种联系的本质在于防御，但也能揭示问题所在。首先这或多或少地告诉我们患者为何会形成特定心态，表明了其历史价值，并能让我们更好地理解患者病情的发展。但除此以外，这些信息还引导我们去理解该倾向现有的作用。从治疗的角度看，这些作用是最为紧要的。任何神经症性倾向或冲突都绝非单纯的历史遗留问题，而正如一种习惯，一旦形成便永远存在。我们可以确信，这些倾向、冲突的存在取决于现存人格结构内部紧迫的需要。知道某种神经症性怪异行为最初为何会形成是次要的，因为我们必须改变的是当下正在起作用的力量。

大多数情况下，任何神经症性心态，其主观价值都在于平衡某种别的神经症性倾向。因此，彻底理解这些价值所在，能在特定病例中指引我们采取下一步措施。例如，如果我们知道患者无法抛弃其全能感，因为全能感让他能把潜力视为实力，把宏伟蓝图视为丰功伟绩，我们就应该知道自己必须审视他沉浸在幻想中有多深；如果他让我们看到他这样活着是为了避免遭遇失败，我们就应该不只注意那些让他预见失败的因素，还要注意那些让他始终害怕失败的因素。

最重要的治疗步骤是让患者看到事物的另一面：他的神经症性驱动力与冲突削弱了他的某些能力。这些工作一部分已在前述步骤中涉及，但关键在于将所有细节组合成一个完整的全景图。只有这样患者才会觉得有必要改变。每个神经症患者都受内心驱使去维持现状，有鉴于此，我们需要足够强大的动力来克服这些阻力。然而，这种动力只能源自患者对内心自由、幸福、成长的渴望，并且患者要认识到在追求这一目标的路上充满各种神经症性困境。因此，如果他倾向于自我批判，他就必须明白这种倾向是如何蚕食了他的自尊心，让他陷入绝望；如何让他觉得自己是个累赘，迫使他去忍受侮辱，反过来又让他渴望复仇；如何瘫痪了他工作的动力与能力；为了避免跌入自卑的万丈深渊，这种倾向又是如何强迫他采取防御心态，如自大、疏远自我、自我感觉不真实，从而使得神经症病情延续。

同样，在精神分析的过程中，看清了某个特定冲突后，患者就必须认识到该冲突对其生活的影响。以好胜心与自我磨灭倾向之间的冲突为例，患者必须理解施虐倒错内在各种苛刻的禁忌。患者必须看清，自卑和对逢迎对象的愤怒是如何伴随着每一个自我磨灭的行为的。另一方面，每当企图战胜他人时，他又是如何害怕自己、害怕复仇的。

偶尔会有这种情况：患者即使已经认识到所有的不利结果，依然对克服特定神经症性心态表现得毫无兴趣。相反，他似乎已经看淡了。几乎不知不觉间，患者把问题放在一边，从中一无所获。考虑到他已经明白这对自己造成的各种危害，他这样无动于衷，便值得注意。然而，除非精神分析医生发现这种反应的能力已经炉火纯青，否则患者的这种态度便从精神分析医生眼皮底下溜走了。患者转移了话题，精神分析医生接话，直到他们再次遭遇类似困局很久以后精神分析医生才会意识到，做了这么多工作，患者的改变却事倍功半。

如果精神分析医生知道这种反应会时而出现，他便会自问，既然患者知道某种心态会带来一连串的恶果，因而必须改变，那又是患者内心哪些因素在阻止他接受这一事实呢？这通常涉及多种因素，且只能逐步解决。患者仍然会困于绝望，无力考虑尝试改变。他内心的驱动力让他想要战胜精神分析医生，让医生失望、丢人现眼，满足这种欲望比维护自身利益还重要。他外化的倾向依然强烈，虽然认识到了后果，但无法用这洞见看透自己。他需要全能感，这种需求依然强烈，即使已经看到不可避免的后果，他仍心存侥幸，觉得自己能躲过去。他的理想化形象可能依然非常僵化，他甚至无法接受自己会有任何神经症性倾向或冲突。随后，他会怒己不争，觉得自己已经意识到了某个困局，便自认为本应能掌控局面。意识到这些可能性很重要，因为如果忽略了阻止患者改变的因素，精神分析就会轻易沦为休斯顿·彼得逊所称的“心理学狂”（mania psychologica），即为心理学而心理学。在这些情况下让患者接纳自己本身就是一大收获，即使冲突本身依然如故，患者也会深感压力得到释放，开始出现一些迹象表明他想解开困住自己的这张网了。一旦这种有利于开展工作的条件形成了，转变很快就会发生。

毋庸赘言，上述讨论并非精神分析技巧方面的一篇论文。我并未试图囊括分析过程中所有不利因素，也未想涵盖所有利于治疗的因素。例如，我没有谈到，如果患者把所有攻击性、防御性的异常行为带到与精神分析医生的关系中，这会对治疗有何利弊——虽然这种影响举足轻重。上述步骤，只是每次认识到某种新倾向、新冲突后必须进行的关键环节。实践中往往不可能按照上述顺序依次进行，因为如果过于关注某一问题，患者反而无法触及它。如从上述患者认为拥有一切权利的例子中我们可以看到，一个问题可能只是掩盖了另一个问题，而后者本应先分析。只要每一步工作都做到了，顺序是次要的。

精神分析工作引起具体症状的改变，这自然随其针对的主题不同而不同。当患者认识到自己无意识中软弱的愤怒及其背景后，他的恐惧便会消退。看清自己身处的困境可能让患者摆脱抑郁。但是做好每一步精神分析工作也会改变患者对他人、对自己的整体心态，这些改变与已经处理的特定问题无关。如果我们面对诸多不同的问题，如过度强调性欲、相信现实会如某人的一厢情愿那样，以及对压迫极度敏感，我们就会发现分析这些问题对人格有类似的影响。不论分析其中哪个困难，敌意、无助感、恐惧心、疏远自我以及其他种种症状都会减退。例如，我们可以想一想，在上述各个例子中，疏远自我的症状是如何减轻的。一个过度强调性欲的人只有在性体验与性生活中才能感受到自己的活力，他的成败局限于性领域，他自身的资本中，他自己唯一看重的就是性魅力。只有当他理解了这种情况，才可能对生活其他方面开始感兴趣，从而让自己摆脱困境。一个人，如果对他而言现实必须符合他想象出的各种设想、计划，那么他就看不到自己是个活生生的人。他看不到自己的局限，也不清楚自己实际的资本。接受精神分析后，他不再把潜力混同于成绩，不但能够面对真实的自己，还能感觉到自己的真情实感。对压迫极度敏感的人忘掉了自身的欲望与信念，反而觉得是别人在居高临下、颐指气使。分析了这种情况后，患者开始知道自己到底需要什么，因而能够为实现自己的目标而努力了。

在每次精神分析中，压抑的敌意，不论其种类与来源，都会浮出水面，使患者暂时更为易怒。但每当患者抛弃了神经症性心态，非理性的敌意就会消退。患者发现了困境中自己应当承担的责任，而不再将其外化，或者当他不再那么脆弱、害怕、依赖别人、苛求别人等的时候，患者的敌意就不会那么强烈了。

敌意消退主要是因为无助感减少。一个人越强大，他就越不担心被人威胁。实力的增长有多种原因。他生活的重心已经从他人转回到自身，他感觉更为积极，并开始建立自己的价值观体系。他会越来越有劲头：自我中原本被压抑的部分重新焕发出活力。他变得更为灵活，不再被恐惧、自卑、绝望束缚。他不再盲目屈从、争强好胜或一味发泄施虐冲动，而能够在理性基础上做出让步，因而立场也更为坚定。

最后，虽然原有的防御机制崩溃会暂时搅起患者内心的焦虑，但有效采取每一步措施必然会消除这种焦虑，因为患者会不再那么害怕别人和自己了。

这些改变引起的结果，就是患者与他人、与自己的关系得到了全面改善。他不再那样与世隔绝。他越是强大，敌意就越淡，渐渐地，他人不再是一个威胁，不需要他去对抗、操纵或者回避。他能够承受得起友好待人的风险了。随着他放弃外化，不再自卑，他和自己的关系也会改善。

审视精神分析过程中发生的变化，我们就会发现，这些恰恰改变了引发根源性冲突的条件。在神经症病情发展的过程中，患者精神更加紧张，而在治疗中情况则相反。患者在无助、恐惧、敌对、孤立时，出于与这个世界打交道的必要性而生的心态越来越没有意义，因而可以逐渐抛弃。毕竟，如果一个人有能力与别人平起平坐，那么他又何必为了自己痛恨的人、践踏自己的人而磨灭或牺牲自我呢？如果一个人有安全感，能与人共同生活、奋斗，而不必始终担心被埋没，那他又何必对权力与尊重欲壑难填？如果一个人有能力去爱、不害怕斗争，那他又何必焦虑不安地避免与人有任何牵连？

进行这项工作需要时间。患者的内心矛盾越是错综复杂、阻力重重，治疗所需的时间就越多。可以理解，人们渴望能有一种简便快捷的精神分析疗法。我们应该乐于看到更多的人从精神分析中获益，我们也明白有所帮助总胜于无。确实，神经症病情严重性差异很大，轻度的神经症所需治疗时间可以相对较短。一些快速精神治疗实验前景喜人，但不幸的是很多还是建立在一厢情愿的基础上，且治疗者对神经症中影响重大的诸多力量缺乏了解。在神经症病情严重的情况下，我相信要想缩短精神分析疗程，只能靠我们更好地理解神经症性人格结构，从而减少摸索病情并加以解读时浪费的时间。

幸运的是，精神分析并不是解决内心冲突的唯一方法。生活本身就是一位很好的治疗师。任何经历，都可能足以教会患者改造人格。可能是某个真正的伟人催人上进；可能是一个司空见惯的悲剧让神经症患者不得不与人建立紧密联系，打破了他自我中心的孤立状态；可能是一些意气相投的人，看起来不再有多少必要去逃避或者操纵他们。在其他病例里，神经症行为导致的结果可能非常严重，或非常频繁，神经症患者对此印象深刻，所以他也不再那么害怕或刻板了。

然而，生活带来的治疗并不在人的掌控之下。艰难困苦、朋友情谊、宗教体验都无法事先安排，以满足特定个人的需要。生活这个治疗师冷酷无情，对这个神经症患者有益的环境，可能会让另一个患者完全崩溃。而且，如我们所见，患者对神经症行为所致结果的认知能力以及从中吸取经验教训的能力十分有限。我们不妨这么说：如果患者已经掌握了这种从经验中学习的能力，换言之，如果他能审视所处困境中自己的责任，能理解它，并用这种见地指引自己的生活，那我们就可以放心地终止精神分析了。

知道内心冲突在神经症中扮演的角色，并意识到这些冲突是可以解决的，使得我们有必要重新定义精神分析疗法的目标。虽然很多神经症性障碍属于医学范畴，但是用医学术语来定义相应的目标未必可行。即使是受情绪影响的疾病，本质上也是患者人格冲突的最终表现形式，因此必须从人格方面来定义治疗的目标。

如此一来，这会包含一系列目的。患者必须掌握对自己负责的能力，包括感受自己生活中积极、负责的力量，能够自主决策，自负后果。与此同时也要承担对他人的责任，时刻准备着承认自身信仰的价值观中相应的责任，不论这关乎自己的孩子、父母、朋友、员工、同事、社区，还是国家。

与之紧密相关的目标则是实现内心独立——既远非单纯蔑视他人的意见和信仰，也远非全盘加以接受。这主要意味着让患者能建立自身的价值观体系，并将其运用到现实生活中。对他人而言，这还意味着尊重他们的个性与权利，并以此作为真正互利的基础。这与真正的民主理想不谋而合。

我们可以从这几个方面来定义这些目标：感受自发、有意识而且有活力，不论是爱是恨，是幸福是悲伤，是恐惧是渴望。这包括表达的能力以及自控的能力。因其作用关键，这里我们要特别指出爱和交友的能力。爱既不是寄生性的依赖，也不是施虐性的支配，而是如麦克默雷[1]所说："一种关系……除了自身以外没有别的目的；我们通过这种关系联系在一起，因为人自然会分享经验，理解

[1] 约翰·麦克默雷。

彼此，在共同生活、表现真我中寻求快乐与满足。”

治疗目标中最具综合性的便是努力实现内心一致：毫无伪饰，情感真挚，能全身心地去感受、工作、信仰。这一点唯有解决冲突后才能实现。

这些目标并不武断，能够成为治疗的目标也绝非仅仅因为它们与历代智者追寻的理想不谋而合。但这种一致并非偶然，因为这些因素是精神健康的基础。我们有理由相信这些目标，因为逻辑上它们与已知的神经症致病因素一脉相承。

我们敢于提出这么高的目标，基础在于我们相信人格可以改变。不只是孩子可塑性强，我们每个人都有改变的能力，甚至可以做出根本性改变，只要我们还活着。这一信仰得到经验的支持。精神分析是寻求彻底改变的最有效的途径之一，我们越是理解神经症中各种力量的作用，如愿改变自己的希望就越大。

精神分析医生或患者都不可能完全实现这些目标。这些是我们努力追寻的理想。其实际价值在于，他们能够在治疗中、生活中引导我们。如果不清楚这些理想的意义，我们便可能用新的理想化形象代替原有的，这很危险。我们也必须明白，精神分析医生无力把患者改造成一个完美无瑕的人，他只能帮助患者解放自我，努力追求这些理想。这也意味着让患者逐渐成熟、不断成长。

卡伦·霍妮

——一位大师级女心理学家的一生

与阿德勒、荣格、弗洛姆等齐名的心理学大师

美国精神分析研究所（AIP）创办人

20世纪最伟大的女心理学家之一

新弗洛伊德主义代表人物

女性心理学开拓者

社会心理学先驱

对抗父权的童年时期

1885年9月16日，卡伦·霍妮出生于德国汉堡的郊区。她的父亲是挪威人，一位赫赫有名的远洋船船长，性格沉默寡言，独裁专制，此前有过一段婚姻，并有四个已成年的孩子；她的母亲是荷兰、德国混血，其父是一名建筑师。霍妮的母亲性格自由开朗，比霍妮的父亲小了17岁。两人还育有一个大霍妮四岁的男孩。

这桩婚姻不仅在社会地位、年龄和思想观念上不匹配，也缺乏爱情的基础。母亲曾告诉霍妮，自己并非为了爱情嫁给父亲，而是害怕变成“嫁不出去的老女人”，于是赶紧结婚了。母亲是霍妮“这个世界上的最爱”“欢乐的来源”，但母亲似乎更关注哥哥。哥哥也随着年龄的增长跟自己有所疏远，这令霍妮非常失落。

而在霍妮的回忆中，父亲则是一位极其可怕、难以接近的人，尽管他有时也带着霍妮一起到海上旅行。有父亲在时，家里的气氛始终是紧张的。霍妮的父亲并不喜欢她，甚至会贬低她，他认为女儿外貌丑陋、天资愚笨。这对霍妮打击很大，也激发了她幼时的叛逆与反抗——霍妮经常和母亲以及哥哥联合起来“对抗父亲”，但这同时还使得她在年幼时便确立了自己的人生观。霍妮在九岁时便下定决心：“如果我没法变漂亮了，那么我可以变得很聪明。”

卡伦·霍妮童年照片

卡伦·霍妮15岁时的画像

一波三折的求学之路

霍妮在12岁左右时对医学产生了浓厚的兴趣，决心成为一名医生。

1901年，霍妮在母亲的支持下进入高中。尽管当时女权运动方兴未艾，女性得以走出家庭工作，但从医的女性仍是凤毛麟角。父亲极力反对女儿学医，母亲由此与父亲争执不下。家庭的紧张关系成为无法弥合的裂缝，几年拉锯后，霍妮的父母于1904年离婚。因为女儿的教育问题离婚，这在当时也是石破天惊的。两年后，霍妮进入弗赖堡大学学习医学。

1908年，霍妮转至哥廷根大学，考试合格后，她于柏林“兰克维兹疗养院”钻研精神医学，并于第三年开始追随德国著名神经学家赫曼·奥本海默学习。1913年，霍妮获得柏林大学医学博士学位。

坎坷不平的私人生活

童年的霍妮缺少安全感和爱，而成年后的她则饱受抑郁症和性困扰的折磨。1909年，霍妮开始接受弗洛伊德的弟子卡尔·亚伯拉罕的精神分析治疗，1920年代又在著名精神分析师汉斯·萨克斯处接受精神分析治疗。然而，霍妮的治疗并不顺利，很大程度上是因为她质疑他们的治疗理论，尤其是关于女性心理方面的，这也成为霍妮致力于研究“自我分析”的契机之一。

1909年，霍妮还遇到了她的丈夫奥斯卡，并于同年与之结婚。在其后的1910年和1911年，霍妮的父母相继去世。1923年，奥斯卡不仅得了脑膜炎，其事业也不顺。同年，霍妮的弟弟因肺炎过世。霍妮的抑郁症恶化，她甚至萌生了自杀的念头。

霍妮与奥斯卡婚后育有三个女儿，但夫妻之间感情不和，并于1926年开始分居，1938年正式离婚。此后，霍妮没有再婚，但曾与另一位精神分析大师——小她15岁的艾里希·弗洛姆相恋。他们没有走到最后，然而，两人的学术思想和理论却受对方影响颇深。

卡伦·霍妮与丈夫奥斯卡及两个女儿的合影

艾里希·弗洛姆，另一位精神分析大师

Mueller-May 摄于1974年

“离经叛道”的学术生涯

从柏林大学毕业后，1915—1918年，霍妮任柏林精神医院住院医师；1920—1932年，在柏林精神分析学院兼任教，并创办私人诊所；1932年，接受美国芝加哥精神分析学院院长聘请，担任该院副院长；1934年，迁居纽约，创办一所私人医院，并开始培训精神分析医生。

霍妮在她40多岁时迎来了学术成果的高产期，然而，在此期间，霍妮的思想却与正统弗洛伊德理论产生了分歧，尤其在女性心理和性欲的问题上，她对正统弗洛伊德理论贬低女性的论调产生了极大的不满，与纽约精神分析研究所的大部分成员关系也变得紧张。

1941年，霍妮因纽约精神分析研究所内部对其的打压而辞职。同年，霍妮带领从纽约精神分析研究所出走的同道中人创立了美国精神分析促进协会，同时创建美国精神分析研究所并出任所长，直到1952年去世。

从1941年到1952的十一年中，虽然有来自正统弗洛伊德学派的批评和压力，美国精神分析研究所内部也存在不同意见，甚至导致了研究所的两次分裂，但霍妮得以充分发展和宣扬自己的理论，她的学术思想在此时彻底成熟，她的主要学术作品多在此时写就，其中就包括1945年出版的《我们内心的冲突》。

卡伦·霍妮的一生充满了思索、成长与“反叛”：于早慧的少女时代坚持学医并顺利毕业；于已然立业的中年时期从德国独自赴美，开启人生新篇章；于建树颇丰的生命后期决绝地从弗洛伊德正统学派出走，建构自己的理论与学派。这在女性成长与发展更为艰难的当时社会，更需要无比的睿智、决心与魄力，然而也这正是这一切，成就了作为“女心理学大师”的卡伦·霍妮。

在美国教授“文化与神经症”课程的卡伦·霍妮

Agnes de Lima摄

卡伦·霍妮

精神分析学派，新弗洛伊德主义代表人物之一

- 男性有“子宫嫉妒”
- 童年经历影响人，但人终身拥有改变自己的能力
- 社会文化因素使得人出现“内心的冲突”，导致神经症的出现
- 人的活动动机是“基本焦虑”
- 人有“真实自我”、“现实自我”与“理想化自我”

VS

西格蒙德·弗洛伊德

精神分析学派创始人

- 女性有“阴茎嫉妒”
- 童年经历决定人
- 人的本能（“生本能”和“死本能”）冲突，导致神经症的出现
- 人的活动动机是“本能”
- 人有“自我、本我与超我”

霍妮著作列表

（有中文译作的已标注）

1915 Ein kasuistischer Beitrag zur Frage der traumatischen Psychosen (A Case History on the Question of Traumatic Psychoses). *Doctoral thesis*. Berlin: H. Bode.

1917 Die Technik der psychoanalytischen Therapie, Zeitschrift für Sexualwissenschaft 4. The Technique of Psychoanalytic Therapy, *American Journal of Psychoanalysis* 5(1968): 3.

1923 Zur Genese des weiblichen Kastrationskomplexes, Internationale Zeitschrift für Psychoanalyse 9:12. On the Genesis of the Castration Complex in Women, *International Journal of Psycho-Analysis* 5 (1924): 50. Also in *Feminine Psychology*, ed. Harold Kelman, New York: W. W. Norton, 1966.（《女性心理学：论女性阉割焦虑的起源》）

1926 Review of "Zur Psychologie der weiblichen Sexualfunktionen" by Helene Deutsch, Internationale Zeitschrift für Psychoanalyse. Also *International Journal of Psycho-Analysis* 7:92.

1926 Die Flucht aus der Weiblichkeit, Internationale Zeitschrift für Psychoanalyse, 12:360. The Flight from Womanhood, *International Journal of Psycho-Analysis*, 7(1926): 324. Also in *Feminine Psychology*.（《女性心理学：逃避女性身份》）

1926 Gehemmte Weilbichkeit: Psychoanalytischer Beitrag zum Problem der Frigiditat, Zeitschrift für Sexualwissenschaft 13 (1926): 67. Inhibited Femininity: A Psychoanalytic Contribution to the Problem of Frigidity in *Feminine Psychology*.

1927 Der Männlichkeitskomplex der Frau [The Masculinity Complex of Women], Archiv für Frauenkunde 13:141.

1927 Diskussion der Laienanalyse, Internationale Zeitschrift für Psychoanalyse. Discussion on Lay Analysis, *International Journal of Psycho-Analysis* 8 (1927): 255.

1927 Psychische Eignung und Nichteignung zur Ehe [Psychological Suitability and Unsuitability for Marriage], Ein biologisches Ehebuch, ed. M. Marcuse, Berlin: Marcus & Weber.

1927 Über die psychischen Bestimmungen der Gattenwahl [On the Psychological Condition for Choice of Marriage Partner], Ein Biologisches Ehebuch, ed. M. Marcuse, Berlin: Marcus & Weber.

1927 Über der psychischen Wurzeln einiger typische Ehekonflikte [On the Psychological Roots of Typical Marriage Conflicts], Ein biologisches Ehebuch, ed. M. Marcuse,Berlin: Marcus & Weber.

1927 Die monogame Forderung, Internationale Zeitschrift für

Psychoanalyse 13(1927): 397. The Problem of the Monogamous Ideal, *International Journal of PsychoAnalysis*, 9:18. Also in *Feminine Psychology*.（《女性心理学：单偶制理想的难题》）

1928 The Problem of the Monogamie Statute, *Psychoanalytic Review* 15:92.

1930 Die specifische Problematik der Zwangsneurose im Lichte der Psychoanalyse [Specific Problems of Compulsion Neurosis in Light of Psychoanalysis], Archiv für Psychoanalyse 91:597.

1930 Die Einrichtungen der Lehranstalt: Zur Organisation [The Establishment of the Educational Program: On Organization], Zehn Jahre Berliner Psychoanalytisches Institut, Wien: Internationaler Psychoanalytischer Verlag.

1930 Das Misstrauen zwischen den Geschlechtern, Die Ärztin 7 (1931): 5. The Distrust Between the Sexes, *Feminine Psychology*.（《女性心理学：两性之间的互不信任》）

1931 Die prämenstruellen Verstimmungen, Zeitschrift für Psychoanalyse pädagogik 5:1. Premenstrual Tension, *Feminine Psychology*.（《女性心理学：经前紧张》）

1931 Der Kampf in der Kultur: Einige Gedanken und Bedenken zu Freuds Todestreib und Destruktionstreib in Das Problem der Kultur und die ärztliche Psychologie in Vortrage Institut für Geschichte der Medizin 4:105. Culture and Aggression: Some Thoughts and Doubts About Freud's Death Drive and Destruction Drive, *American Journal of Psychoanalysis* 20 (1960): 130.

1932 Zur Problematik der Ehe, Psychoanalytische Bewegung 4:212. Problems of Marriage, *Feminine Psychology*.

1932 Die Angst vor der Frau: Über einen spezifischen Unterscheid in der männlichen und weiblichen Angst vor dem anderen Geschlecht, Internationale Zeitschrift für Psychoanalyse 18:5. The Dread of Woman: Observations on a Specific Difference in the Dread Felt by Men and by Women for the Opposite Sex, *International Journal of Psycho-Analysis* 13:348. Also in *Feminine Psychology*.（《女性心理学：对女人的恐惧：男女对异性恐惧的特定差异观察》）

1932 Die Verleugnung der Vagina: Ein Beitrag zur Frage der spezifisch weiblichen Genitalangst, Internationale Zeitschrift für Psychoanalyse 19:372. The Denial of the Vagina: A Contribution to the Problem of Genital Anxieties in Women, *International Journal of Psycho-Analysis* 14 (1933): 57. Also in *Feminine Psychology*.（《女性心理学：对阴道的否认》）

1932 On Rank's Modern Education: A Critique of Its Fundamental Ideas (book review), *Psychoanalytic Quarterly* 1:349.

1933 Psychogenic Factors in Functional Female Disorders, *American Journal of Obstetrics and Gynecology* 25:694. Also in *Feminine Psychology*.（《女性心理学：功能性女性障碍的心理起源因素》）

1933 Research in Female Psychology, Institute for Psychoanalysis, Review for the Year, 1932–33, p. 31.

1934 Maternal Conflicts, *American Journal of Orthopsychiatry* 3:455.

Also in *Feminine Psychology*.（《女性心理学：母性冲突》）

1934 Concepts and Misconcepts of the Analytic Method, *Archives of Neurology and Psychiatry* 32:880.

1934 Restricted Applications of Psychoanalysis to Social Work, *The Family* 15:169.

1935 The Overvaluation of Love: A Study of a Common Present-Day Feminine Type, *Psychoanalytic Quarterly* 3 (1934): 605. Also in *Feminine Psychology*.（《女性心理学：高估爱情：对今日常见的一种女性类型的研究》）

1935 The Problem of Feminine Masochism, *Psychoanalytic Review* 22:241. Also in *Feminine Psychology*.（《女性心理学：女性受虐性的难题》）

1935 Personality Changes in Female Adolescents, *American Journal of Orthopsychiatry* 5:19. Also in *Feminine Psychology*. 333.（《女性心理学：青少年女孩的人格改变》）

1935 On Difficulties in Dealing with the Transference, Newsletter, *American Association of Psychiatric Social Workers* 5:1.

1935 Conceptions and Misconceptions of the Analytical Method, *Journal of Nervous and Mental Disease* 81:399.

1936 The Problem of the Negative Therapeutic Reaction, *Psychoanalytic Quarterly* 5:29.

1936 Culture and Neurosis, *American Sociological Review* 1:221.

1937 Das neurotische Liebesdurfnis, Zentralblatt fur Psychotherapie

10:69. The Neurotic Need for Love, *Feminine Psychology*.（《女性心理学：对爱的神经症性需要》）

1937 *The Neurotic Personality of Our Time*, New York: W. W. Norton.（《我们时代的神经症人格》）

1939 Can You Take a Stand? *Journal of Adult Education* 11:129.

1939 What Is a Neurosis? *American Journal of Sociology* 45:426.

1939 *New Ways in Psychoanalysis*, New York: W. W. Norton.（《精神分析的新方向》）

1942 *Self-Analysis*, New York: W. W. Norton.（《自我分析》）

1945 *Our Inner Conflicts*, New York: W. W. Norton.（《我们内心的冲突》）

1946 *Are You Considering Psychoanalysis?*, ed. Karen Horney, New York: W. W.Norton. Articles by Horney: "What Does the Analyst Do?" and "How Do You Progress After Analysis?" In German, "Was tut eigentlich der Psychoanalytiker?" *Psyche* 4 (1950): 1.

1946 The Future of Psychoanalysis, *American Journal of Psychoanalysis* 6:66.

1947 Foreword to Gymnastics and Personality by Gertrude Lederer-Eckardt, *American Journal of Psychoanalysis* 7:48.

1947 Maturity and the Individual, *American Journal of Psychoanalysis* 7.85.

1949 Foreword to a Letter: Finding the Real Self, *American Journal of Psychoanalysis* 9:3.

1950 A Morality of Evolution, *American Journal of Psychoanalysis* 10:64.

1950 *Neurosis and Human Growth*, New York: W. W. Norton. (《神经症与人的成长》)

1950 The Search for Glory, *Pastoral Psychology* 1:13.

1950 Speech on the Tenth Anniversary of the Association for the Advancement of Psychoanalysis, *American Journal of Psychoanalysis* 11 (1951): 3.

1951 On Feeling Abused, *American Journal of Psychoanalysis* 11:5.

1951 Ziele der analytischen Therapie (Goals of Analytic Therapy), *Psyche* 7:463.

1952 The Paucity of Inner Experiences, *American Journal of Psychoanalysis* 12:3.

1960 *Feminine Psychology*, W. W. Norton & Company.

1980 *The Adolescent Diaries of Karen Horney*, Basic Books: New York.

1991 Karen Horney. *Final Lectures*, ed. Douglas H. Ingram. W. W. Norton & Company.

1999 *The Therapeutic Process: Essays and Lectures*, ed. Bernard J. Paris Yale University Press, New Haven.

2000 *The Unknown Karen Horney: Essays on Gender, Culture, and Psychoanalysis*, ed. Bernard J. Paris. Yale University Press, New Haven

读客三颗钻人类思想文库

啃透社科经典，就读三颗钻专家伴读版！

啃透社科经典，
就读三颗钻专家伴读版！

欢迎您从《我们内心的冲突》走进
读客三颗钻人类思想文库

亲爱的读者，感谢您选择读客三颗钻人类思想文库。

文库收录政治学、心理学、社会学等社科领域名家名著，汇聚人类文明进程中的重大议题——

▽ 马基雅维利《君主论》：道德和政治之间有什么关系？

▽ 卢梭《社会契约论》：个人利益和集体利益哪个更重要？

▽ 弗雷泽《金枝》：人类的思维是如何发展和进化的？

▽ 弗洛伊德《自我与本我》：自我和本我哪一个才是真正的我？

▽ 阿德勒《理解人性》：人性的本质是什么？

…………

针对经典社科啃不动、读不懂等问题，推出三颗钻专家伴读版！

文库里的每一本书，都会邀请知名专家学者，定制专家伴读，解析创作背景、厘清重要概念、勘误过时观点，伴您从头读到尾！

封面统一使用“三颗钻”的设计，您可以凭借晶莹剔透的“三颗钻”找到我们，探索那些曾经改变人类文明的伟大思想。

啃透社科经典，就读三颗钻专家伴读版！

读客®

激发个人成长

多年以来，千千万万有经验的读者，都会定期查看熊猫君家的最新书目，挑选满足自己成长需求的新书。

读客图书以“激发个人成长”为使命，在以下三个方面为您精选优质图书：

1. 精神成长

熊猫君家精彩绝伦的小说文库和人文类图书，帮助你成为永远充满梦想、勇气和爱的人！

2. 知识结构成长

熊猫君家的历史类、社科类图书，帮助你了解从宇宙诞生、文明演变直至今日世界之形成的方方面面。

3. 工作技能成长

熊猫君家的经管类、家教类图书，指引你更好地工作、更有效率地生活，减少人生中的烦恼。

每一本读客图书都轻松好读，精彩绝伦，充满无穷阅读乐趣！